博士论丛

大都市区空间结构与可持续交通

The Relationship of Spatial Structure and
Sustainable Transport of Metropolis

黄昭雄 著

U0347802

中国建筑工业出版社

图书在版编目（CIP）数据

大都市区空间结构与可持续交通 / 黄昭雄著 . —北京：中国建
筑工业出版社，2011.11
（博士论丛）
ISBN 978-7-112-13661-2

Ⅰ.①大⋯　Ⅱ.①黄⋯　Ⅲ.①城市空间：公共空间-空间研究
②城市交通运输-可持续性发展-研究　Ⅳ.①TU984.11②F57

中国版本图书馆CIP数据核字（2011）第217894号

责任编辑：黄珏倩
责任设计：张　虹
责任校对：刘梦然　赵　颖

博士论丛
大都市区空间结构与可持续交通
黄昭雄　著
＊
中国建筑工业出版社出版、发行（北京西郊百万庄）
各地新华书店、建筑书店经销
北京京点设计公司制版
北京市密东印刷有限公司印刷
＊
开本：787×1092毫米　1/16　印张：13¼　字数：366千字
2012年12月第一版　2012年12月第一次印刷
定价：**40.00**元
ISBN 978-7-112-13661-2
　　　　（21413）

前　言

当前我国大城市人口和产业分布呈大都市区化的趋势，交通发展面临巨大的压力，需要从大都市区的宏观层面来考虑城市活动和交通模式，将区域性的交通基础设施建设与次区域规划建设活动结合起来，实现交通的可持续发展。

本文的研究思路是将理论分析与案例实证结合，先归纳现有的基础理论和相关研究成果，分析空间结构与交通模式之间的内在关系；然后分析大都市区社会经济发展、空间结构、开发活动和交通基础设施对交通模式的影响，指出经济发展增长和社会活动增加带来的客货运输量增加是造成交通拥堵和机动车大量使用的最根本原因，人口和产业的总量和结构变化影响到都市区的社会经济活动的空间分布和强度，影响到交通流的发展趋势；接着分析不同的空间增长模式的交通需求，指出城镇间通勤出行量、机动车出行与人口出行总量、出行比例是呈乘数效应的，居住与就业地点增长空间以及交通联系，与出行空间分布、出行距离和交通方式选择有密切关系，评价我国大都市区的空间规划实践，借鉴国外都市区规划的经验，提出以公共交通走廊先行的策略引导空间增长；提供合适的住宅，促进公共交通枢纽周围可支付住房的发展，鼓励适度的用地混合和居住与就业的平衡；建立有公交联系的城市活动中心网络，合理安排新增就业岗位等；调查数据分析表明大都市区不同区位和交通条件支撑下住房开发与城市中心体系的关系，及其对人口迁居和居住、就业、购物等活动的空间分布和出行特征的影响，提出住房建设需要位于有轨道交通支撑的发展走廊之内的增长空间内，要增加轨道交通的线路和站点，提高站点周围居住用地的开发强度，以增加有轨道交通服务的、联系各级市中心的可支付的住房，以满足人口增加和改善居住环境下不同社会阶层的住房需求等建议。杭州CBD案例表明城市新中心用地布局结构与交通体系的关系，提出交通模式和开发策略建议；株洲旧城更新案例研究旧城改造策略与交通模式；最后是对城市规划法规和城市政策提出建议。

本文是从空间结构的视角来研究交通的可持续发展，将宏观层面的空间增长与中观层面的规划建设活动结合起来，从居住地点和活动地点的基本关系，来评价规划实践和探讨改进策略。大都市区社会经济空间发展和交通模式之间的整体关系，以及区域性住房开发对于居民迁居、就业、购物等活动和出行特征的影响，可为新区建设、旧城更新、住房建设等提供参考，对其他类型的城市规划、交通规划、城市设计编制和政策制定有借鉴意义。

Preface

In the process of Metropolitanization, the transport in China's big cities is facing challenges. In order to achieve the sustainable development of transport, it is necessary to consider city activities and transport modes of metropolitans from a macro perspective, and to combine the regional and sub-regional transportation infrastructure.

This dissertation combines theoretical analysis with empirical cases. Firstly, it summarizes the fundamental theories and related researches and analyzes the relationship between the spatial structure and modes of transport. Secondly, it analyzes the impact of socio-economic development, spatial structure and transport infrastructure on transport patterns, points out that the growth of economic and social activities will increase the volume of passenger and cargo transport which caused traffic congestion and motor vehicle use, and the change of population and industry affect the spatial distribution and intensity of socio-economic activities and traffic flow; Thirdly, it analyzes the relationship between different patterns of spatial growth of traffic demand, points out that the growth and employment locations have multiplier effect on inter-urban travel demand, which is closely related to the trip distribution, distance and mode choice. It evaluates spatial planning of China's metropolitans, draws on foreign metropolitan planning, and puts forward some Strategies, including proposing public transport corridor strategy to guide spatial growth, providing affordable housing around public transportation hubs, moderately encouraging mixed land use and living-employment balance, establishing the city center network with public transportation. Fourthly, Shanghai survey data shows the relationship between property development and city center system under different location and transportation support, and its impact on the spatial layout of residents' migration, employment, shopping and other activities and travel characteristics. It points out that the house should be located in corridor with metro, and need to increase the metro lines, to increase land uses of metro surrounding areas, to increase affordable housing which is accessible with metro services and connecting with city centers, to meet the needs of different housing demand and so on. Fifthly, the case study of Hangzhou CBD shows the relationship between urban land use and transport system of new city center, puts forward the transport pattern and development strategy; Sixthly the cases of Zhuzhou examines urban renewal and transport patterns. Finally it gives some suggestions on urban planning regulations and urban policy.

In the perspective of the spatial structure, this dissertation focuses on the theme of sustainable transport. It combines urban growth at the macro level and construction at micro –level below the relation of residence and activities location, evaluates the planning practices and explores strategies to sustainable transport. The result of the relationship of metropolitan socio-economic development and transport patterns, as well as the impact of regional housing development on residents relocation, employment, shopping and other activities and travel characteristics will be useful for the new district development, urban renewal, housing development, will helpful for urban planning, transport planning, urban design and policy-making.

目　录

第一章 绪论

一、选题背景与问题

进入 21 世纪以来，环境和资源问题为全世界所共同关注，可持续发展是所有国家面临的选择，而交通是可持续发展领域的重要内容。石油过度消耗、二氧化碳排放、空气污染等难题直接或间接与汽车使用有关，以汽油、柴油为主要能源的汽车使用大量消耗石油，过度排出的二氧化碳被认为与温室效应、全球变暖有密切联系。大城市经济社会发展较快，人口集中，活动强度高，机动车拥有率高，出行量大，导致能源消耗多，道路拥堵严重，空气严重污染，噪声水平增加，人身安全问题以及城市环境质量下降等问题（见表 1-1）。

城市交通给社会、经济、环境系统带来的各种问题[1]　　　　　　表 1-1

问题的影响范围	内容
城市环境和城市活动	(1) 破坏生活环境 　●噪声、大气污染、热岛效应 (2) 城市景观 　●街区道路的美观、城市空间的情趣、城市品位的减低 (3) 建成区的活力再现 　●城市设施的分散、城市中心的衰退 　●随着城市中心区道路容量和停车空间的不足，产生商业区的经济不振 　●道路占用了过多的土地，减低城市中心的魅力 (4) 步行环境的恶化 (5) 开放空间的减少 　●城市道路的空间功能的退化（环境空间、防灾空间等功能） (6) 堵塞使交通时间增加而产生额外的费用
社会整体	(1) 交通事故产生的安全问题 (2) 道路建设的财源问题 (3) 确保道路建设用地带来的道路建设与居民之间矛盾
地球环境	(1) 环境问题 (2) 资源、能源问题

---

1 (日)青山吉隆. 图说城市区域规划 [M]. 罗敏，蒋恩，王雷，译. 上海：同济大学出版社，2005：28-2.

世界大城市发展经验表明，空间结构与交通模式是否可持续发展之间有密切联系。社会经济发展会带来人口、就业岗位的集聚和空间分布变化，居民的生活、工作活动和出行模式也是在发展过程中逐步形成的，由此形成的交通模式对于社会、经济、环境有深远影响。以美国城市为代表的道路交通优先和空间低密度蔓延方式导致小汽车过度使用和能源消耗，而哥本哈根和日本等为代表的"公交都市"依托大运量轨道交通引导城市空间拓展并形成以公交为主的交通模式，能够节省土地和能源消耗，减少空气污染。

处于快速发展时期的中国城市化进程和空间结构演变也同样影响可持续交通。改革开放以来，工业化进程中创造的就业岗位每年吸引了千万人口涌入大城市，大城市不仅面临中心城规模膨胀和高度拥挤，还伴随着郊区空间扩张。较低价格和较大面积的郊区住宅吸引了居民外迁，郊区不断涌现的就业岗位也在改变城市结构，居民的生活和工作活动已经不仅仅局限于中心城，单中心式城市结构模式在发生变化，通勤距离和通勤时间在变得更大。与此同时，大城市交通系统也处于机动化进程加速时期，经济增长带来的城市财政实力提高，持续的、大规模的高速公路和轨道交通基础设施建设既改变了城市的可达性，也在引导居民交通模式转型。由于大城市居民购买车辆的能力较强，在出行距离不断扩大的情况下，假如没有相应的机动车发展对策，任由小汽车和摩托车等私车发展，且新开发的住宅和产业没有公共交通服务，那么将有可能形成以私车为主导的交通模式。此外，城市交通基础设施建设对于不同阶层人群的影响需要得到关注。一部分中低收入阶层无法购买私人机动化工具和支付有便捷公交服务的住房，出行能力较弱也会影响到他们的就业能力和家庭生活状况。

虽然小汽车过度使用被认为是诸多城市交通问题的根源，但是当前中国城市面临的问题，不仅仅是如何引导小汽车发展的问题，还应该在多个层面通过制定更加合理空间规划和综合交通规划来实现交通可持续发展的目标。规划学界为了解决城市蔓延及对汽车的依赖所导致的经济效益、环境责任、社会公平及社区活力等问题，已经提出了诸多理念和空间结构战略，诸如多中心战略、新城市主义、紧凑城市等，提倡以公交为导向的城市发展模式（TOD），鼓励城市沿着公共交通线路或换乘车站发展，以求引导公共交通模式转换[1]。这些模式在中国的城市规划学界的影响很大，但是很多是停留在理论层面，在规划设计中被借鉴和应用得多，但是在这么巨大的城市建设过程中，可以被归纳的中国城市空间和规划案例则显得较少。作为体现国内最高规划水平的北京、上海等大城市虽然已经编制了很多轮规划，空间布局都是强调多中心、卫星城和轴带发展，并且轨道交通和高快速道路的建设确实带

---

1 郭清华，叶嘉安. 交通方式可达性差距——衡量交通可持续发展的指数 [J]. 刘贤腾，翁加坤，译. 城市交通. 2008，(4)：26-27.

来中心城空间轴式扩展，但是从目前看来，这些大都市区空间结构仍难以满足社会经济发展的需要，空间增长仍然是无序蔓延，而道路拥堵有增无减。尽管有了这么多大城市发展经验，但是很少有研究探讨多中心、轴带发展等空间战略是否有效，公共交通站点周边住房开发如何引导人口疏散和出行模式转变，国内大城市新区、旧城等地域大规模的开发活动对于交通可持续发展的利弊如何。由于国内已有案例的研究和模式归纳不足，也就造成规划实践通常仅仅停留在对国内理念和模式的简单借鉴和套用。

大都市区社会经济快速发展的背后是城市活动规律的变化，是居住与就业岗位空间分布以及相互关系的变化。空间结构的演进过程也是与交通模式不断适应的过程，两者的互动和定型是大城市空间发展在特定阶段的两个方面。中国大城市面临着人口和产业"大都市区化"，这个过程将促成新的空间结构和交通模式，不同层面的空间规划编制和实施对此进程有重要的影响。本文选择"大都市区空间结构与可持续交通"作为研究主题，是在城市化和机动化进程的关键时期从空间结构的角度对交通可持续发展问题的探讨，关注大都市区的空间结构策略的制定，如何引导和促进可持续交通模式的实现？人口的居住空间向郊区扩展过程中，如何引导协调不同类型的发展模式对可持续交通模式的影响？中心区规划建设过程中，如何引导以公交为主导的通勤模式？旧城更新活动中，如何引导现有生活模式和以步行和自行车为主的交通模式的转型？本文选取多个规划案例，探讨大都市区、郊区住区、中心区和旧城区等多个空间层面的规划建设活动与可持续交通的关系。基于城市案例的研究来建立对交通可持续问题的认知，也为规划理论的借鉴和应用提供一些基础。

从 2004 年起，本人在同济大学博士研究生期间相继参与了《杭州市钱江新城核心区块交通规划研究（2005)》、《上海边缘区居民出行调查（2006-2007)》、《株洲市旧城更新研究（2007)》、《可持续的中国城市——低碳城市的规划策略研究（2007)》等，这些项目和课题是针对中国大城市案例可持续方面的探讨，数据和结论也为本文提供支持。

二、相关概念辨析

本论文涉及的"大都市区"、"空间结构"、"可持续交通"等概念，这些概念在城市规划和地理学、交通等研究和实践领域广泛应用，不过对概念的理解有差异。以下就每个概念分别分析，探讨三个概念之间的内在联系。

1. 大都市区与大都市区化

大都市区概念源于美国 1910 年提出的大都市地区（Metropolitan District，MD)，当时是作为人口普查中的统计地域单元使用的，相似的概念随后在其他国家相应出现，包括英国的标准都市劳动力区（SMLA)、德国的劳动力就业区、法国的城市和产业人口密集区（ZPIU）、加拿大的都市普查区（CMA）、日本的都市圈等。以 1990 年美国"大都市区"为例，规定每个都市区应有一个人口在 5 万人以上的核心城市化地区，围绕这一核心的都市区地域为中心县和外围县。中心县是该城市化地区的中心市所在的县，外围县则是与中心县邻接且满足以下条件的县：从事非农业活动的劳动力至少占全县劳动力总量的 75% 以上；人口密度大于 50 人／平方英里，且每 10 年人口增长率在 15% 以上；至少 15% 的非农业劳动力向中心县以内范围通勤或双向通勤率达到 20% 以上。日本于 1950 年提出来的"都市圈"以一日为周期，可以接受城市某一个方面功能服务的地域范围，中心城市人口需在 100 万以上，并且邻近有 50 万人以上的城市，外围地区到中心城市的通勤人口不低于本身人口的 15%，大都市区之间的货运运输量不得超过总运输量的 25%。从这些定义可以看到，大都市区统计范围的界定标准的核心是以非农业活动占绝对优势的中心城和外围县之间劳动力联系的规模和联系的密切程度。大都市区范围除了要考虑到中心城市的规模、外围区域的城市化水平和人口密度，更重要的是通过中心城与外围地区之间的劳动力市场和通勤强度，来界定与中心城有密切经济联系的区域。而中心城强大的劳动力市场在周边形成的通勤区域，其空间尺度取决于单位时间内通勤可达的范围，与区域性交通设施是分不开的，所以交通条件也是界定大都市区范围的重要因素。交通方式的运营速度和容量决定了大都市区中心城市的辐射范围和空间尺度，道路交通网络形式也会影响大都市区的功能布局。

与大都市区密切相关概念——"大都市区化"（Metropolitanization）指的是大城市人口逐步向郊区迁移，形成功能相对集中的中心商业区和以居民为主的郊区。大都市区化是大城市社会经济发展到一定阶段之后在空间上出现的现象。"大都市区化"体现出两个特征，一是中心城的功能不断扩展，人口和产业从非大都市区地域向大都市区地域集聚的过程，这是大都市区在国家和区域中地位不断提高的过程；二是中心城相对外围郊区县所吸引的人口和产业比例不断减低的过程，中心城与外围区县、外围区县之间的通勤量和比例不断提高。居住郊区化是大都市区化进程的基本现象。人口不断涌入造成巨大的住房需求，而中心城内的住房不论是数量或是质量都无法满足，而郊区住宅的环境较好，交通可达性提高使得居住和生活在郊区成为可能，小汽车广泛使用和公共交通服务水平提高使得人们的生活范围空前扩大，人们可以在不影响就业的情况下，在大都市区的任何地方居住。此后制造业和商业也出现了郊区化[1]。

20 世纪 80 年代以来，随着城市社会经济发展加快，城市空间组织形式

---

1 王旭. 美国城市发展模式——从城市化到大都市区化 [M]. 北京：清华大学出版社，2006：320-334.

也在发生激烈变化，大都市区研究在国内受到重视，涌现出大都市区、都市圈、城市带等概念，并且在法定的总体规划编制和非法定的战略研究中常有出现。不过，大都市区到目前为止也只是一个概念，缺少官方的定义和界定标准。周一星教授提出了中国都市区的界定标准是指"凡城市实体地域内非农业人口在20万以上的地级市可作为都市区中心市；外围县要满足全县非农产值达到75%以上和非农劳动力比重达到60%以上两个条件。"[1]之后包括谢守红、宁越敏等采用五普数据，使用人口规模和城市化水平来研究一定范围内人口规模和结构的变化，对中国的大都市进行划分，从城市规模、城市化水平和人口密度等方面做了界定和分析。可以看到，在我国由于多数大城市缺少统一地域和持续的居民出行调查，很难反映中心城市的劳动力市场范围及其通勤区域，对于中心城的辐射能力更加难以界定。国内学者界定标准重点在于反映城市化水平的变化，对于区域内动态的社会经济活动仍无法充分地体现。在现在的格局下，结合行政地域，再参考交通方式在一定通勤时间内可以到达的功能地域，不失为确定大都市区范围现实和有效的办法。

2. 空间结构

空间结构是城市规划的重要概念和研究领域，是对城市静态物质环境和动态城市活动的抽象概括。韦伯（Weber）认为存在三种城市空间要素：物质要素、活动要素和互动要素，物质要素包括建筑物、道路、绿化等物质环境，活动要素包括居住、就业、购物、医疗、游憩等活动，互动要素包括由于城市活动所带来的各种"流"：人流、车流、物质流等。根据不同的活动类型，城市的物质空间被划分为建筑等静态活动空间和交通网络等动态活动空间。在韦伯的基础上，伯恩（Bourne）使用城市经济学土地竞租理论，解释城市要素的空间分布形式和相互作用背后的作用机制，建立"城市形态（Urban Form）"和"城市空间结构（Urban Spatial Structure）"的概念来说明空间要素分布形式和内在作用机制。城市形态是指城市各要素的空间分布模式；城市要素的相互作用（Urban Interaction）是指城市各要素整合为一个功能实体的相互联系；城市空间结构是指城市要素的空间分布和相互作用的内在机制（见图1-1）。城市土地的利用方式（功能和构成）和强度，决定了城市空间构成的二维基面和基本形态格局，"城市形态"是其表现形式，而要素之间的相互作用，以及城市中各种活动对不同区位的竞租过程，带来的动力与压力及其相关效应，形成了城市系统运行的内在机制[2]。

罗德里格（Rodrigue）从空间形态、空间模式（Urban Pattern）和空间

1 周一星. 城市地理学 [M]. 北京：商务印书馆，2007：33-35.
2 唐子来. 西方城市空间结构研究的理论和方法 [J]. 城市规划汇刊. 1997，(6)：1-11.

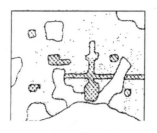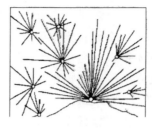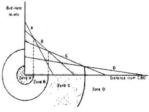

图 1-1　城市要素的空间分布与相互作用

相互作用等三个方面来阐述土地利用与城市活动的关系（见图 1-2）。空间形态指城市整体轮廓，主要是从空间范围的角度来看；空间模式指土地的组织形式，主要是土地之间的区位关系；空间相互作用是指由于各种土地所特有的功能和空间组织模式的分离，空间实体之间相互作用形成功能活动。空间结构是在城市的轮廓和土地构成的基础上，为了进一步概括城市的活动空间分布与强度而创立的概念。城市空间形态构成了城市的尺度和规模，土地利用方式和路网和交通条件决定了各种要素空间分布下活动的强度和流向。

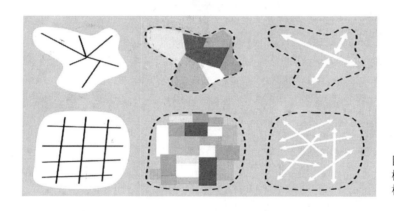

图 1-2　罗德里格的城市空间结构概念

　　空间结构与交通在概念和内涵之间有密切关系。城市交通是由城市活动衍生出来的人和货物的空间移动，城市交通发生在城市空间相互作用过程中，土地利用和区位关系决定了居住、工作、购物、制造和消费等活动的空间分布和出行需要。人和物的移动需要通过一定的方式来实现，道路、轨道、河流等交通条件为个体的出行（Trip）提供了步行、机动车或者轨道交通等出行方式选择。个体的空间流动从居住地点（Origin）经过特定空间和路径到达另外的活动地点（Destination），再从活动地点（Origin）回到居住地（Destination），个体的出行汇聚起来就形成整体的交通需求。

　　空间结构是城市规划最经常使用的概念，城市空间结构的类型既是表示活动中心的数量差异，也表明城市或者区域活动中心的空间分布以及联系的密切程度[1]。空间结构的类型通常可以用活动中心与外围居住地的相互关系来表示，可分为"单中心"或者是"多中心"，还可以进一步根据居民的活动流向和强度来细分多中心的类型。一定时期内城市居住地点与中心之间形成城市活动的空间分布和联系强度决定了相对稳定的出行需求，城市空间结构与出行活动之间会处于一种相对均衡稳定的状态。处于快速发展时期的大城市人口和产业从中心城走向郊区的过程，也是空间重构和交通模式重塑的过程。住房开发和新中心建设、旧城更新，是人口和产业大都市区化过程的重要"拉力"和"推力"，住房建设和人口迁移影响了居住空间结构的变化，城市中心建设影响了就业空间结构。社会经济快速发展就意味着城市活动的强度和方向在变化，已有的均衡状态被打破。在不断的演变和调整相互适应之后，最终会促成新的交通模式。

3. 可持续交通

交通给社会、经济、环境发展带来的各种问题和负面影响引起了世界各国的重视（见表1-2）。1992年在里约热内卢地球峰会上通过了《21世纪章程》，将可持续发展定义为"满足当代人需求，又不损害子孙后代，满足其需求能力的发展"。在2002年约翰内斯堡峰会上进一步强化了可持续发展的意义，并且提出需要改变交通结构以避免不利的环境和健康影响。

交通系统对可持续性可能产生的不利影响[2]　　　　　　表1-2

经济	社会	环境
拥堵	公平性	空气污染
出行障碍	弱势群体的出行	气候变化
交通事故伤害	人类健康	水污染
设备成本	社区凝聚力	噪声
使用者成本	社区宜居性	动物栖息地的破坏甚至消失
不可再生资源耗损	景观	不可再生资源损耗

对于可持续交通的定义有多种，使用过的英文词汇包括 Sustainable Transportation、Sustainable Mobility、Sustainable Transport，也反映出不同视角下对可持续交通理解的差异，总结起来，可以包括以下几层含义：

（1）支撑可持续发展的交通运输体系 Sustainable Transportation

---

1 空间结构被广泛使用于城市各个空间层面，选择的空间层次和尺度不同，研究的尺度和重点不同。在大都市区的宏观层面是以中心城区为单元，分析中心城与外围城区之间的要素特征和相互作用的；在中观城区层面则是分析居住区与商业区、工业区等不同的功能片区之间的要素特征和相互作用；在微观的小区层面，则是分析住宅与公建之间的关系。

2 Milan Jani. 欧盟可持续交通系统研究综述 [J]. 张宇，王海英，吴祖峰，等，译. 城市交通 .2008，(4)：16-18.

经合组织董事会对于可持续交通的定义：可持续交通指交通不会危及公共安全和生态系统，能够迎合再生资源利用。欧洲议会定义可持续交通是指在今天与未来，不以牺牲其他人或者生态利益为代价，而能够满足自由移动、获取可达、交流、贸易、建立社会关系的需求的能力；向个人、企业和社会提供安全和符合人身—生态健康等方面的基本可达性和发展需要，提升代内与代间的公民能够承受的、公平和有效运作的，提供一种交通模式选择，支持一种竞争经济，类似一种平衡的区域发展在环境吸收能力内的有限排放，或者资源利用低于可再生代替物，对土地利用和噪声产生影响最小[1]。GTZ 认为，可持续发展交通体系所满足的环境、社会和经济目标包括：非再生资源的利用率不能超过非再生替代资源的生成率，污染排放率不能超过环境的同化能力；保护生物多样性；尽可能保证所有活动都能成为社会生活必须共享的一部分；空气质量和噪声不能超过 WHO 所建议的健康标准，突发事件的威胁要降到最小；提供推动经济发展的必要的人与物的移动，避免交通拥堵，不给公共和私人预算带来过重的资金限制上的压力。

从这个角度出发的"可持续交通"是将交通看成一个整体，强调的是交通运输体系对于环境的影响要比较小、对于资源尽量少的占用，是在分析可持续发展的时候，与其他领域的比较时使用的比较多。

(2) 满足可持续发展的机动性 Sustainable Mobility

可持续交通的第二层含义是交通系统满足社会经济活动的能力。这种能力需要建立在财政、环境和社会可持续发展的基础上。首先，它必须保证存在一种持续的能力来满足日益提高的生活水平，而这种持续能力归功于经济和财政的可持续性。其次，它必须能最大限度地提高人们的总体生活质量，而不仅仅是数量的增加，这又归功于环境与生态的可持续性。最后，交通产生的利益必须被社区的各个部分平等共享，即所谓的社会可持续能力。可持续发展必须实现这三者的平衡和互动，即 3E 原则（经济、环境和社会的公正性），这三者之间相互制约的平衡是实现可持续发展的基本要求（见图1-3）[2]。交通的可持续发展不仅要重视公共交通和轨道交通在交通结构中的比例，还需要分析轨道交通和公共交通建设带来的城市机动性改善的效益分布问题，特别是低收入人群是否能够从中获益，是否会带来社会阶层分化，是否有利于改善弱势群体的生活环境。

这个意义的可持续交通是强调交通体系对于支撑社会经济活动的"能力"。在经济、环境和财政的制约下，既要能够满足城市经济活动的运输能力和效率的需求，还要为社会不同阶层的居民提供可支付的、可达的、安全

---

1 Katie Williams. Spatial Planning, Urban Form and Sustainable Transport: An Introduction. Ashgate Publish Limited, 2004：1-4.

2 潘海啸. 城市轨道交通与可持续发展 [J]. 城市交通 .2008, (7)：35-36.

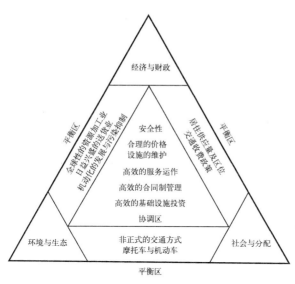

图 1-3　交通可持续发展的"3E"战略

的交通模式，还要考虑到环境的承受能力，避免污染排放和降低能源消耗。

（3）促进可持续发展的交通模式选择和行动战略 Sustainable Transport[1]

可持续交通第三层含义指的是交通模式选择和行动战略措施。由于不同的交通方式对于可持续性的影响不同，所以可持续发展重点是减少交通需求和建立以公交为主导的交通模式，并采取相应的行动战略。GTZ 认为，为了实现可持续发展目标，交通部门可以做的：减少交通需求，降低人和货物机动车交通需求的增加，例如可以通过建立避免占用空间的交通结构，通过应用财政激励政策和其他的一些政策工具来提高短距离交通；从不利的交通模式上转换交通需求，使其对人和自然产生较少的负面影响；确保可用的最好技术能够在交通车辆、交通管理、运输工具等方面得到充分利用；提高个人交通行为的可靠性以及公司决策的可靠性；在交通策略中考虑环境和社会的因素。世界银行报告中关于可持续交通的目标包括：减少车公里数；增加公交比例，减少小汽车使用；减少平均的通勤距离；增加公交的平均速度，特别是相对于小汽车的速度；相对于道路水平提高，要增加公交的服务水平；减少单位面积的停车面积；增加自行车专用道的长度。城市交通既要通过为出行的贫困人口的日常需要提供便利，直接减少城市贫困，还要通过促进经济的增长间接地减少城市贫困。

陆化普等认为，要实现大城市可持续交通的途径，应该从"三个层次、

---

1 交通模式指在一定时期在用地布局、人口密度、经济水平以及社会环境等条件下形成的、由各种交通方式承担一定出行比例的、处于良好稳定的运行状态的城市交通体系类型。交通模式体现为多种交通方式形成的组合，以承担城市的运输需要。交通模式既反映交通方式的结构和交通方式的组合（整合、衔接）方式，还反映每种交通方式自身的运营情况（车辆、道路、站点等）和对所承担的运输任务所提供的服务情况（服务人群、服务数量、质量等）。通常被归纳出来作为可供其他的地区或者城市整体或者局部交通问题的借鉴经验和解决方案。

两个方面"入手，去采取系统的交通对策。第一个层次是调整城市结构和土地利用形态，进行土地利用与交通系统的一体化规划，以有效地减少居民出行需求总量，形成有利于公共交通发展的交通需求特性，从而避免产生交通系统无法满足的交通需求。第二个层次是走高密度开发、建设紧凑型城市的发展道路。第三个层次是不断完善道路网，提高道路网层次结构、功能结构和连通结构的合理性，充分利用现有交通基础设施。"两个方面"是指要同时考虑交通供给和交通需求。在不断提高交通服务水平的同时实施交通需求管理，实现交通供求关系的动态平衡[1]。

对于可持续交通不同的定义和概念反映出可持续交通的多样性和复杂性，不同地域、不同学科的学者和机构关注的重点有差异，这也是很正常的现象。从城市规划领域来说，重点集中在两个方面：一是构建以公共交通和非机动方式为主的交通结构，二是以公共交通站点来组织土地布局和空间结构，目的是减少交通需求，保障经济活动，降低能源消耗和环境压力，改善各个阶层的生活状况。应该看到，可持续的交通模式既是建立在社会经济环境的基础上，也是支撑社会经济活动的运输体系，还是促进社会和谐、经济发展、环境保护的战略措施。但是可持续交通涉及多学科、多层次的特点也造成了规划理论和实践的不适应。对于同样的"可持续交通"主题，从不同学科来看，交通规划的重点更多是提高交通运输能力和改善公共交通设施，对于大城市的空间布局和开发活动难以很好把握，经常会出现交通过度超前或者滞后于空间发展，而空间规划的重点是围绕轨道交通或者道路来做空间布局，不过空间规划对于交通基础设施到底如何影响空间增长，如何相应影响居民出行活动的研究不足，也导致了空间规划确定的战略和目标难以实现。从空间规划来看，在大都市区地域确定的发展目标假如不能在次区域（边缘区、新区、旧区）的居住区和活动地区的规划建设中或者在同一个地域的不同层面规划（总规、详规）中得到延续和衔接，那么可持续交通目标也很难实现。

三、研究方法

1. 研究思路

通过以上对相关概念的分析，空间结构和交通模式是一对互相依存和动态演变的概念，是建立在一定时期社会经济发展的体现，研究可持续交通需要与空间结构结合起来。我国大城市的"大都市区化"的过程就是人口和产业在中心城和郊区之间的集聚和扩散，这个过程也是空间结构和交通模式不断调整适应的过程。研究可持续交通问题，需要从以下几个方面入手：

第一是要从大都市区的层面来研究，而不能仅仅局限于中心城或者市区

1 陆化普，毛其智，等. 城市可持续交通：问题、挑战和研究方向 [J]. 城市发展研究 .2006，(5)：91-96.

范围。高速公路和轨道交通建设已使中心城的辐射范围扩大，距离市中心一定范围内的辐射空间均有可能成为居民生活或者企业选址的地区，郊区住房开发和产业建设已经出现这样的趋势，要分析区域层面空间结构与交通模式之间的关系之外，针对大城市前期发展和规划实践进行分析和检讨，找出能够促进可持续交通的方法。

第二是要将次区域开发活动整合起来考虑，将郊区的住房开发与中心城的旧区改造、新区开发结合，才能分析次区域开发对交通可持续发展的影响。郊区和中心城的开发活动是同时进行的，都在影响着居住空间和就业岗位的再分布，交通模式是在不同地域的空间政策和开发模式下形成的，次区域的开发活动对于整体交通也会发生影响。

第三是要将规划理论与实践的评析和创新结合起来。从案例出发，可以分析城市规划理论和编制实践在特定的城市和发展背景下的适用性和动态性，针对不同的城市和地域提出相应的策略和调整意见。

本文研究思路是将理论分析与案例实证结合，从空间结构的视角来研究交通的可持续发展，将宏观层面的空间增长与中观层面的规划建设活动结合起来，从居住空间结构和就业空间结构的基本关系，来评价规划实践和探讨改进策略。从大都市区社会经济空间发展和交通模式之间的整体关系，重点研究边缘区住房开发对于居民迁居、就业、购物等活动和出行特征的影响，为新区建设、旧城更新、住房建设等提供参考，对其他类型的城市规划、交通规划、城市设计编制和政策制定有借鉴意义。

2. 研究方法

（1）理论研究与案例研究结合。结合研究主题对相关规划理论和基础理论做分析，对理论的内涵和适用条件、实践做评价和分析，结合实证案例来验证。

（2）宏观分析与中观分析结合。从宏观的大都市区层面对空间结构与交通的关系分析开始，再到中观的中心区、旧城区、边缘区的空间层面分别做分析，并提出规划策略。

（3）横向比较和纵向比较结合。对于空间结构与交通模式，比较国内外城市不同时期的发展演变以及相同时期的差异。

（4）定性分析与定量分析结合。既有抽象的图形形式和文字，也有以数理关系来表达不同要素之间的关系。

3. 数据来源

本文数据来源包括研究课题、问卷调查、文献资料、统计资料、实地调查等，课题均为本人读博士期间重点参与的，应用的内容主要来自本人负责的部分，部分课题内容涉及的合作人员在后面章节会标注。还有部分相关资料来自互联网、图书馆等渠道。其中：

（1）上海近郊区居民出行研究（2006-2007），由美国加州大学伯克利分校和同济大学合作，由上海市统计局负责在嘉定江桥、闵行区莘庄、浦东三林等不同交通地区选择 900 户家庭做出行问卷调查，为分析住宅建设与居民迁居对就业购物活动和出行模式的影响提供第一手数据。

（2）杭州市钱江新城核心区块交通规划研究（2005）由杭州市钱江新城管委会委托，由同济大学与杭州市城市规划设计研究院合作，基础数据主要由杭州院提供。该研究是核心区开发建设中期评估调整的组成部分，研究结论已经在控规和开发活动中得到体现，为分析城市高密度中心区规划建设提供案例。

（3）株洲市旧城更新研究（2007）是由株洲市规划局委托中国城市规划设计研究院进行的方案咨询。数据主要来自株洲规划局提供的基础资料，为本文研究旧城区的整体改造与交通模式提供案例。

这些课题和项目类型多样化，有来自国外研究机构的合作课题，也有来自政府管理部门委托的项目和课题，包括区域、CBD 地区、旧城区和边缘住区等多个空间层面和规划类型。第一手的调查数据和案例研究为理论研究和比较提供扎实的基础。

4. 研究内容

本文由八章构成。第一章绪论，主要是论文的选题背景、相关概念辨析和研究方法等。第二章是基础理论与相关研究，包括基础理论、空间结构与交通模式相互影响的研究、研究综述。第三章是大都市区社会经济发展与交通需求。从大都市区社会经济发展、空间结构特征、交通系统特征等分析交通发展趋势和面临的问题。第四章是大都市区空间规划实践与交通发展，通过空间增长模式和交通需求分析，结合国内的空间规划实践，借鉴国外都市区规划的经验，提出大都市区规划对策。第五章是住房发展与交通模式，主要是以上海边缘区调查为例，研究大都市区不同类型的住房开发和居民迁居对居民就业、购物等活动选择以及出行模式的影响。第六章是新中心规划建设与交通体系，结合杭州钱江新城核心区交通研究，分析新中心开发及其所需要的交通支撑体系。第七章是旧城更新与交通整合，结合株洲旧城更新研究，分析在旧城更新活动，如何通过整合空间规划和交通规划。第八章是结论与展望，归纳论文的主要结论并对相关法规和政策提出建议，提出论文创新点、不足和需要进一步研究的问题（见图 1-4）。

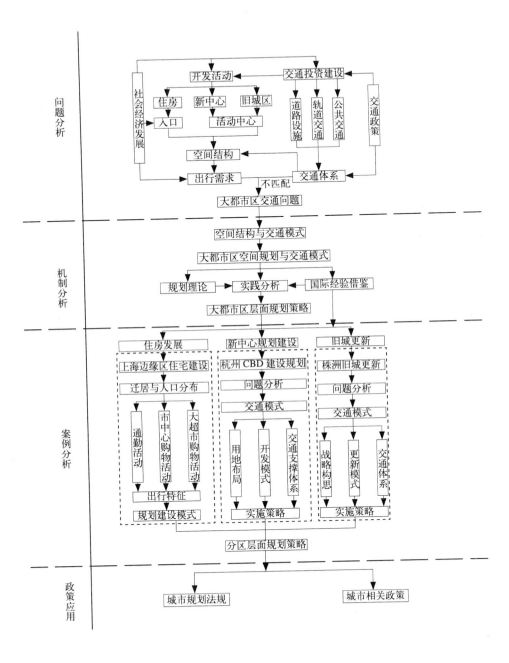

图 1-4 论文研究基本框架

第二章 基础理论与相关研究综述

空间结构与交通模式之间涉及空间活动分析和组织，级差地租、生态区位论和互换理论是这个论题重要的基础理论，关于空间结构和交通体系、出行模式也有不少相关研究，本章对涉及的理论和文献进行整理分析，为后面章节的内容提供理论支持。

一、基础理论

1. 级差地租理论

城市空间组织理论以城市区位级差地租理论影响最为广泛（见图 2-1）[1]。该理论认为，城市空间结构在区位级差地租的作用下形成和不断发生变化，并由它来调节集聚的规模和方式。在级差地租的作用下，商业办公等高效益产业积聚在中心区，往外依次是公寓和宿舍。人们选择居住和办公、生产地点是为了更加靠近自己的就业岗位、消费群或者产品市场。与城市中心的距离影响到地价和强度。越是靠近中心，交通越方便，空间需求越大，地价越高，开发强度越高，人口密度也越高[2]。级差地租理论从经济学的角度分析了交通可达性对于土地价格和功能活动的影响，进而形成居住空间分布和社会分层。

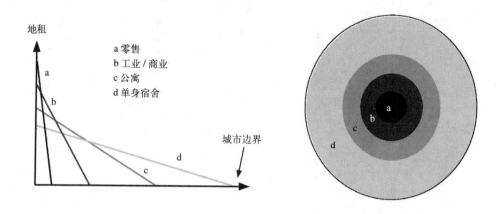

图 2-1 级差地租模式

---

1 级差地租是在经济活动空间聚集的条件下，由土地的空间位置而产生的纯收入，是总效益扣除生产和运输成本后的部分。级差地租的客观存在吸引各种优势经济要素的向心集聚，从而产生排异现象，将那些原材料密集型、对环境有污染、附加值低的产业依次向中心外围排斥。
2 彭震伟. 区域研究与区域规划 [M]. 上海：同济大学出版社，1998：24-25.

2. 生态区位论

芝加哥学派从社会生态学的角度，认为社会分层的结果会在居住、工作、娱乐等空间上体现出来，其中以 1925 年伯吉斯的同心圆模式、1942 年霍伊特的扇形模式、1945 年哈里斯和乌尔曼的多核心模式最为重要（见图 2-2）。伯吉斯的同心圆模式是在小汽车普及之前，不考虑交通线路、自然障碍等基础上的，与单中心城市相对应的分布模式。距离市中心区越远，环境质量越高，居住人群的收入水平越高，支付通勤成本越高。霍伊特的扇形模型在同心圆理论的基础上，考虑自然要素空间分布的不均匀性以及交通条件的差异，认为高收入阶层都会选择自然障碍最少、自然环境最好的区位安排住房，具体表现在沿着主要交通线、河岸、湖滨、海滩、公园等不断向外拓展，形成由城市中心区向外狭隘伸展的"扇形"结构特征。而收入水平较差的人群，只能在高收入者人群的外侧居住。哈里斯和乌尔曼的多核心模式是突破了伯吉斯和霍伊特关于城市单中心以及由此形成的圈层式结构，考虑到现代城市商业区、工业区等不同产业部门在空间上分布差异，由此形成的多核心结构[1]。社会生态区位论重视社会经济特征对居民的居住空间和就业地点选择的影响，不同收入阶层在住房价格和通勤支出之间寻找平衡，是形成居住空间分异和出行模式差异的原因。收入水平较高的阶层在住房和就业选择方面自主性更高，通勤模式中小汽车的比例也会更高，而低收入阶层密集的地区环境和可达性较差，地区发展潜力差，居民获取就业机会较差，生活条件改善较难。

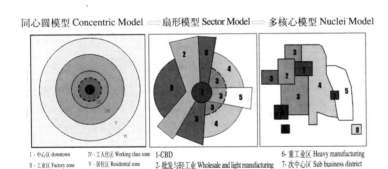

图 2-2 芝加哥学派生态区位理论图示

同心圆模型 Concentric Model ═══ 扇形模型 Sector Model ═══ 多核心模型 Nuclei Model

Ⅰ - 中心区 downtown	1-CBD	6- 重工业区 Heavy manufacturing
Ⅱ - 工业区 Factory zone	2- 批发与轻工业 Wholesale and light manufacturing	7- 次中心区 Sub business district
Ⅲ - 过渡区 Zone of transition	3- 低收入居住区 Low-class residential	8- 郊区居住区 Residential suburb
Ⅳ - 工人住区 Working class zone	4- 中等收入居住区 Middle-class residential	9- 郊区工业区 Industrial suburb
Ⅴ - 居住区 Residential zone	5- 高收入居住区 High-class residential	
Ⅵ - 通勤区 Commuter zone		

3. 互换理论

在级差地租和生态区位论的基础上，阿隆索（W. Alonso）提出的互换理论（Trade-off）认为人口居住与交通有密切的联系，级差地租下的住房区位和价格曲线影响到居民的住房选择和人口空间分布，不同收入水平的居民在住房支出和交通支出之间寻找平衡。一个家庭在选择住宅时，既要考

---

1 黄志宏. 城市居住区空间结构模式的演变 [M]. 北京: 社会科学文献出版社，2006: 60-67.

虑土地和房屋费用的大小，又要考虑从住宅到中心区的通勤的交通费用和机会成本。迁居者对住房区位和交通方式选择，需要综合平衡住房和通勤成本（时间成本和货币成本之和）。在交通可达性、收入水平、土地布局等多重因素的影响下，不同收入水平的居民对于生活模式和工作、购物、娱乐等方式选择会出现差异，会体现在城市活动规律和出行空间分布。

在传统的单一中心城市，大部分的经济活动集中在中央核心地区，整个大城市地区适应于中心区的就业和购物机会。假设每个家庭只有一名成员通勤到中心商务区去上班、非通勤行程无足轻重、所有区位的公共服务设施和税收相同、所有区位的空气质量相同、所有家庭收入相同且对住宅的品位相同、花在通勤上的时间机会成本为零等前提下，家庭在选择住房区位时有固定的预算，即住宅支出和通勤成本保持平衡，靠近中心区的居民较少的通勤支出，所以可以支付较高的住房价格，而远离中心区，通勤成本增加，住房价格减低。住房和交通选择会影响到空间结构和交通模式的形成和演变。由于相同距离增加造成的住房租金减少带来的边际受益和通勤的边际成本之间的变化，不同收入阶层的人对于通勤支出的弹性不同，会导致城市的社会隔离和居住空间分异。即高收入阶层住在远离市中心的大房子内，而低收入阶层没有办法支付高额的通勤成本，住在距离市中心较近的区域。

在现代多中心城市中，大部分的就业和购物在城郊地区，居住在大都市地区的人们较少依赖中心区的就业和购物。制造业的郊区化是因为城市内部车辆运输的创新和城际卡车运输的发展，还有小汽车发展、单层厂房生产流线和城郊机场的发展，人口郊区化是因为收入增长、通勤成本降低、中心城环境恶化、跟随企业迁至城郊和公共政策；零售业外迁是因为人口外迁、私有汽车增长和人口增长；办公楼外迁是因为高速公路发展带来郊外可达性提高，加上通信技术发展。在社会经济发展、机动化程度提高的背景下，制造业、办公业和零售业即使是选择在郊区交通方便的地区，也可以获取足够的劳动力市场和消费市场，而居民外迁可以获取更宽敞的住房和更好的生活环境，有小汽车和轨道交通的支撑，也能够在可以承受通勤时间成本内找到合适工作[1]。我国的大城市正在走向"大都市区化"，也是人口和产业不断集聚的过程，不断涌入的人口需要寻找居住空间，"互换理论"对解释个体空间流动和交通模式的形成有重要意义。

级差地租理论、生态区位理论和互换理论为空间结构与交通模式研究提供了几个主要理论依据：(1) 级差地租理论是空间结构的基本理论，与市中心的区位关系形成了不同用地的地租曲线，是形成用地和人口匀质的同心圆模式，由此构成了活动中心与外围居住点的圈层关系；(2) 生态区位论分析了空间、环境、交通等条件差异影响到人口和用地的非匀质分布，在同心圆基础上衍生

1 阿瑟·奥沙利文. 城市经济学 [M]. 第四版. 苏晓燕，常荆莎，朱雅丽，等，译. 北京：中信出版社，2004：187-269.

出扇形模型和多中心模型；(3) 互换理论是对人口迁居和交通模式形成的解释理论，在交通条件改善了郊区可达性的背景下，大都市区范围内提供的住房和就业岗位会吸引居民迁居、改变工作和通勤活动，由收入水平和住房—交通支出构成的平衡关系制约着人口空间分布和交通模式。级差地租理论和生态区位理论是人口空间结构与活动中心关系的静态描述，回答了"是什么"，而互换理论则是对人口迁移和交通模式选择的动态解释，回答了"为什么"。

二、空间结构与交通模式

1. 空间要素与居民出行的关系

互换理论从理论上解释了居民基于住房成本和交通成本的迁居选择，而居民活动和出行模式的选择与大都市区的空间格局和交通网络之间又有什么关系？距离城市中心的距离、规模、土地混合使用、公共设施、密度、交通设施、居住区停车、道路类型、邻里的类型等空间结构要素对出行距离、出行频率、方式结构、出行时间等出行特征有什么影响呢？结合国内外学者所做的文献综述和相关研究，从中心体系、城市规模、用地布局、人口密度、交通网络等几个方面，进行归纳分析。

（1）中心体系构成与距离市中心的距离

多中心能够减少交通出行吗？大都市区空间结构类型通常可以分为单中心和多中心，彼得·霍尔 (Peter Hall)，认为空间布局会影响到就业中心的分布，影响人们的生活方式和出行交通方式的选择。单中心城市由于就业岗位和活动高度集中，容易引起拥堵，所以一般都鼓励采用多中心的模式。实际上单中心城市的交通产生量不一定多于多中心的城市。因为在单中心模式中就业机会高度集中，而多中心的就业机会相对分散，次中心的存在吸引分散了一部分交通量，城市的出行会更加的分散。由于多中心城市不止一个就业中心，家庭里也有多个工作成员，所以即使是同一个家庭里面，也会在不同的就业中心工作。在那些与城市中心之间有快速的、高容量的公交网络联系地区，公交通勤的比例会比较高，也会减少私人机动车的出行量。而在那些缺少公交服务的外围或者填实地带，则会有大量的出行使用私有机动车。也就是说，多中心城市并不一定能减少交通量。相反，如果没有很好的公交服务，多中心将大大地增加交通量[1]。大都市区的中心形式，与城市中心外是否存在就业、服务与设施也有关系，中心与外围居住空间之间是否有便捷的公交联系有关，需要结合其他的条件来讨论大都市区的中心模式。

除了城市中心的分布，居民住宅与中心的距离是决定个体交通方式最关键的因素。斯彭斯（Spence）和弗罗斯特（Frost）研究 1971 ~ 1981 年间在伦敦，通勤距离的增加与家庭和市中心的距离呈线性关系，在距离伦敦市中

---

1 丁成日. 城市规划与空间结构：城市可持续发展战略 [M]. 北京：中国建筑工业出版社，2005：155-159.

心20km的范围内，随着出行距离的增加，通勤距离相应地增加。戈登（Gordon）研究了美国1977～1983年城内和城外人们的工作与工作出行，发现居住在城内的居民的出行距离少于城外的居民。纽曼（Newman）和肯沃思（Kenworthy）的研究表明，居住在离市中心以外15km的居民消耗的能源高出5km居民的20%。ECOTEC研究表明距离地方中心与使用频率和平均出行距离的显著关系。汉森（Hanson）认为，与地方中心的距离对出行距离的影响高于出行频率，社区的设施可以明显地减少出行距离，增加可以通过非机动化工具的短距离出行的比例[1]。与中心的距离影响到出行距离以及相应的能源消耗，距离中心越远，通勤距离越大，采用小汽车的比例会越大。假如外围地区距离活动中心的距离超过了自行车和步行合适的出行距离，而没有便捷到达中心的公交工具的话，无疑会鼓励居民采用摩托车或者小汽车等私人机动化工具出行。所以有必要研究大城市外围地区空间布局是否适应于公交发展，是否比使用小汽车更加有竞争力。

（2）大都市区规模和社区规模

大都市区规模和社区规模会影响到当地的就业以及服务是否可以满足需要，以及是否可以支撑提供公交服务。规模差别很大，小规模的社区可能无法支撑大规模的服务设施，会迫使居民长距离出行。而大规模的大城市可能也会造成长距离的出行，因为外围住宅与市中心的距离会变得很远。规模很大的中心城可以支撑大量的就业岗位和服务设施，可以吸引郊区的居民，进而影响到出行方式和能源消耗。奥菲（Orfeuil）和萨洛蒙（Salomon）对法国城市研究得出规模与出行长度的关系是"U"形状，长距离的出行通常发生在农村地区和有卫星城的大都市，而短出行则发生在中等规模的城市。农村地区因为缺少就业岗位和服务设施，所以居民需要通勤很长距离去较远的地区才能就业和购物，而从带卫星城的大都市区和不带卫星城的中等城市的比较来说，由于卫星城与中心城之间的通勤距离一般都是比较远的，而中等城市多数的活动都可以在城区内完成，所以大都市区的出行整体上会是比较远的，尺度也会比较大。

（3）土地混合使用与居住就业平衡

土地混合使用影响到各种活动的物质分离，因此会影响到出行需求。蔓延式的空间发展模式会造成住宅与就业空间的分离和分散，增加对私人汽车的依赖程度。瑟夫洛（Cervero）指出通过就业与居住房间的平衡来减少交通阻塞，在住宅附近提供就业机会，可以减少交通需求。在一个社区或地区内，如果就业机会和居住人数接近，同时工作地和居住地位置相近，人们的出行距离就会缩短，机动车的运行时间也会随之缩短，也会有高比例的步行和自行车。相应

1　Dominic Stead and Stephen Marshall. The Relationships between Urban Form and Travel Patterns. An International Review and Evaluation[J]. EJTIR, 1, no. 2 (2001), pp. 113－141.

地，汽车尾气排放量和空气污染就会减少，政府用于修建和维护道路的开支也会减少[1]。温特（Winter）和法辛（Farthing）认为公共服务设施可以减少出行距离和减少小汽车的出行比例。我国不少大城市城郊住区以单一的居住功能为主，缺乏就业功能的支撑，生活服务设施水平与中心城差距较大，这不仅带来与城市中心区之间大量的通勤人流，也导致大量居民上下班"钟摆式"交通。目前大城市的住宅郊区化多数是建立在城市道路交通的基础上，难以使居民生活与就业成本降低，并使得道路、公交等设施超负荷运转。迁往郊区的市民主体是普通工薪阶层，出行主要依靠公共交通工具，居民每天花费在交通上的时间和成本很高。由于产业郊区化与居住郊区化的不同步，以及我国的郊区化基本上都是"先开发，后规划"的模式，交通基础配套设施建设滞后而造成的"职住分离"现象，不仅加剧了对城市交通的压力，也加大居民通勤负担。李强、李晓林以北京近郊区两个大型的居住组团回龙观和天通苑的调查为例，研究表明，虽然居民从中心区迁出，但是工作地点主要还是集中分布在五环路以内的高科技园区和城市内部的商业发达区，比例高达81.96%，其中大约70%分布在四环路以内，而原居住地点与工作地点在空间分布上具有非常好的一致性。这也说明近郊大型居住区的开发建设吸引居民从中心城区迁出、缓解城市中心人口压力的同时，居民的工作地点仍主要集中在中心区，甚至居民没有改变工作地点，居住地点与工作地点之间的距离拉大。居民迁居在改变了原来的单位制的同时，出现了"职住分离"的现象[2]。冯健、周一星的调查研究表明，单位福利分房和原居住地拆迁是居民迁居的主要原因，居民职住分离现象十分普遍，传统单位制下职住合一的空间格局已被打破[3]。从国内外的发展历程来看，城郊住区发展带来的"职住分离"现象有一定的普遍性，不管居民的外迁是主动还是被动，不可避免地会带来出行距离增加，增加居民交通负担。

郊区居住开发带来居民外迁和就业关系变化，提高地区的居住就业平衡通常会成为新城区或者新社区的主要目标，以求减少居民长距离出行和小汽车使用。从全世界的案例来看，卫星城或者新城能够实现高度的居住—就业平衡的不多。斯特德（Stead）（1999）认为高比例的就业率与较少的出行距离有关系，不过没有办法在所有的地方都获得高就业率，因为这样意味着过剩的岗位或者不足的就业者。在有些地区为了促进就业—居住平衡，帮助减少机动车交通，减缓交通拥堵，制定了相应的政策，如斯德哥尔摩的政策允许开发商可以建造住宅单元的数量不能超过社区里面所能够提供的就业岗位。阿兰·贝尔托德（Alain Bertaud）则认为，为了达到就业—居住平衡目的而制定政策违背了大都市区增长的基本规律，因为大都市区增长的原因就

1 丁成日. 城市规划与空间结构：城市可持续发展战略 [M]. 北京：中国建筑工业出版社，2005：155-159.
2 李强，李晓林. 北京市近郊大型居住区居民上班出行特征分析 [J]. 城市问题. 2007，(7)：55-59.
3 冯健，周一星. 郊区化进程中北京城市内部迁居及相关空间行为 [J]. 地理研究. 2007，(2)：227-242.

是更大的、整合的劳动力市场可以提供不断增加的回报，追求当地就业的做法就是要在新城创造就业岗位，不过处理不好的话可能带来的结果是：居住在卫星城的人通勤到中心城，而在卫星城大量的就业岗位由居住在中心城的人来获取。在外围社区提供就业岗位，而不纯粹是居住单元的好处是能够提高就地工作的可能性，还能够平衡高峰时刻的人流，改变单向的"钟摆交通"，提高交通设施的使用效率。

（4）人口密度

针对美国低密度的空间蔓延方式，有大量的研究集中在人口密度与出行方式的关系。ECOTEC（1993）认为人口密度与出行模式之间联系的四个原因：一是高人口密度能够增加地区性的人与人之间的联系，减少采取机动化工具的机会；二是高密度增加了设施的服务范围，减少了长距离的出行；三是高密度的开发方式减少了家庭、设施和就业等出行点之间的距离；四是高密度会对公交的选择和使用更好，减少小汽车的拥有和使用。布斯科弗（Pushkarev）和朱潘（Zupan）（1977）指出土地利用对交通需求的决定因素是中心商业区规模、地块与中心商业区距离和居住密度，当土地利用密度达到每英亩60栋住宅时，公共交通将成为该地区的重要交通方式。ECOTEC（1993）显示交通方式选择与人口密度之间关系密切。人口密度增加会带来小汽车的总量增加，同时公交和步行的出行比例增加。在低密度地区有71%的小汽车出行，而在高密度地区只有51%。高密度和低密度地区之间公交比例相差4倍，步行比例相差2倍。莱文森（Levinson）与库马尔（Kumar）通过对1990年美国个人交通调查数据的分析，指出在居住密度每平方公里3861人以上时居住密度才会与交通模式选择产生关系。纽曼和肯沃思（1989）分析了全球32个大城市的交通系统与土地利用关系，指出高密度与对公交依赖型之间存在很高的相关关系，显示出城市密度与能源消耗的关系，从全世界大城市的人口密度来看，人口密度越高，公交的比例越高，能耗越低（见图2-3）。

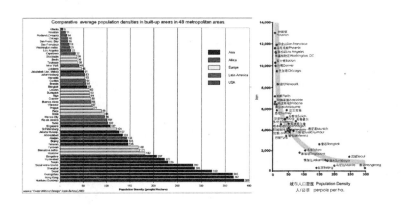

图2-3　城市空间密度与能源消耗的关系

公交运行与人口密度之间存在密切的关系。阿兰·贝尔托德认为，低密度的多中心城市无法发展可行的公交系统，高密度的单中心城市不能够依赖小汽车到达城市中心。巴塞罗那99km的地铁覆盖了66%的人口步行范围，同样的人口，亚特兰大需要3400km的地铁，密度越低，提供公交的成本越高。陈雪明认为洛杉矶代表了水平方向发展的多中心高度分散的城市空间结构，对城市发展政策制定产生巨大的影响。洛杉矶的私人小汽车给城市带来几度危机，同时由于郊区化带来的市中心衰落和郊区到郊区之间出行比例日益增加，使得以市中心为基础的交通政策备受质疑。由于忽视了城市的低密度土地利用和居住—就业特点，导致了郊区到市中心的地铁建设与交通出行和需求方向不一致，造成投资效益不经济。

可以看出，对比美国式郊区低密度蔓延，相对较高密度的郊区扩展可以维持较高公交的服务水平和比例，减少私人汽车使用。高比例的公共交通可以增加可达性和提高效率，促进社会公平，减少污染物排放。不过就高密度或者低密度的比较，也是有一定异议。由于历史文化和传统习惯的影响，日本、新加坡、韩国、中国等亚洲城市建设的密度很高，即便是在郊区的住宅也有不少是高层建筑，更大的问题是高密度的住宅和产业缺少控制的蔓延，带来的问题是拥堵和公交的运能不足，而不是美国由于小汽车发达和人口密度过低导致公交搭乘率过低。

（5）交通网络

交通网络的布局形式会影响不同空间区位的交通可达性，与主要交通网络的接近影响到个体的出行方式和能源消耗。越是靠近交通网络的地区可达性越高，就可以增加出行速度和一定时间内的出行距离。靠近交通网络的居民会有较长的出行的距离和能源高消耗。赫蒂卡（Headicar）和柯蒂斯（Curtis）（1994）研究表明，靠近交通网络对于工作出行距离有持续影响，靠近高速公路或者主要道路会带来长距离的出行和高比例的小汽车出行，靠近轨道站点会带来长距离的通勤，不过小汽车的比例会比较低。北村（Kitamura）等的研究表明，从家到最近的公交站点或者轨道站的距离会影响到交通结构，越是靠近公交站点，那么小汽车的出行比例增加，而非机动化的比例减少。靠近轨道站点，那么轨道出行的距离和比例增加。瑟夫洛（Cervero）（1994）的研究表明随着与轨道站点的距离增加，轨道出行的比例减少。加利福尼亚居住在150m内的居民，使用轨道的比例约为30%，而随着距离轨道的增加，搭乘轨道的比例减少。居住在距离轨道站900m的居民，只有150m居民的一半。斯特德（Stead）（1999）在英国的研究表明距离轨道站的距离与出行距离之间存在密切的联系。距离轨道站的距离影响到出行方式和能源消耗。到达道路或者轨道等主要交通网络的可达性越好，那么就会增加出行速度和一定时间内的出行距离。停车位的情况会影响到出行频率以及方式选择。当居住地点的停车增加时，汽车出行比例会增加。

　　居住社区的路网形式和交通条件也会影响居民出行的交通方式。以棋盘状的居住区为例，小尺度的居住区格网系统（100～200m的街区）有助于人们更方便地步行和使用自行车，有利于便捷的到达公交车站，而大尺度的格网居住区（1～2km的街区）由于围墙分隔，则会增加了出行难度，迫使人们更多地使用汽车，在中心区也是同样道理。潘海啸等以上海康健街区、卢湾街区、中原街区、八佰伴街区等4个不同类型的街区为例，研究道路交通网络与居民交通模式的关系，研究表明康健街区的轨道交通站点为枢纽的交通模式与街区物质空间特征相耦合，卢湾街区体现明显与"步行城市"的交通模式相耦合的状况，中原街区以公共交通模式为主导型，而八佰伴街区的"现代化、大尺度"物质空间特征与私人机动化交通模式相耦合（见图2-4）[1]。

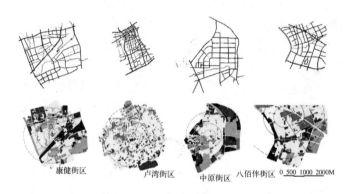

康健街区　　卢湾街区　　中原街区　八佰伴街区　0 500 1000 2000M

图2-4　上海四街区用地构成与路网形态

　　从空间要素与居民出行模式的关系来看，中心体系、道路交通、土地使用等空间要素从不同方面影响着居民个体的活动和出行行为，而这些个体汇总起来就是城市交通。城市需要采取合理的空间形态和交通模式来引导"大都市区化"和"机动化"。

2. 交通方式与空间形态

（1）交通工具创新与城市空间形态演变

　　交通工具创新对城市发展具有时代意义。从城市交通工具和城市空间形态的发展历程来看，可分为四个时期：步行—马车时代（1800～1890年）、有轨电车时代（1890～1920年）、汽车时代（1920～1945年）、高速公路时代（1945～2000年）（见图2-5）。交通设施是一定时期内适应城市社会经济发展和空间拓展的需要而建设的，交通工具的更新不是在短时间能够完成的，即使在当前这个阶段，在一个国家或者地区内，也有高速公路、地铁

---

1 潘海啸，刘贤腾，John Zacharias，等．街区设计特征与绿色交通的选择：以上海市康健、卢湾、中原、八佰伴四个街区为例 [J]．城市规划汇刊．2003，(6)：42-48．

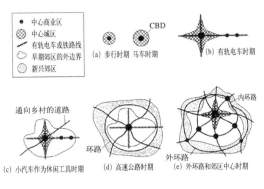

图2-5 交通工具与城市形态演变

和马车、人力车同时存在的情况。

交通方式的速度影响到城市的增长边界与规模，交通工具的运行速度决定单位时间内可以到达的距离和区域尺度，反过来城市的半径可以随着交通工具的速度提高而增大。一般来说，从城市边缘到市中心区的出行时间是居民单程可能承受的最大出行时间，居民在1小时内所能达到的距离往往等于城市的半径。如罗马以步行为主要交通方式时，城市半径是4km，19世纪伦敦以公共马车和有轨电车时，城市半径达到8km；20世纪，人们使用市郊铁路、地铁或者公共汽车出行时，城市半径达到25km；小汽车普及之后，城市的半径达到了50km[1]。

交通工具创新为城市空间增长提供重要的支撑条件，当城市现有的交通体系无法满足人口和产业积聚带来的交通需求时，就需要新的交通建设，以交通方式的速度和容量来换取发展空间和运作效率。对于快速发展的中国大城市来说，包括高速公路、轨道交通和快速公交（BRT）等新的交通工具和模式在不同城市或者同一城市的不同地域做尝试，与城市空间结构可能会产生什么组合，仍然还不明朗。

（2）空间结构与交通模式

对空间结构和交通模式关系的归纳总结有从宏观整体上做总结的，也有针对大都市区与交通网络形式，还有研究公共交通与大都市区发展的。潘海啸指出发达国家在快速城市化时期，采用了不同的城镇和交通系统的发展模式，包括美国道路交通优先的发展模式，英国继承屈普城市环境区的概念，以干道来划分城市环境区的发展模式和新城建设的"工宿平衡"理论，瑞典、法国、日本、新加坡基于轨道交通公共交通优先的城镇发展模式[2]。美国的模式由于小汽车的过度使用和空间蔓延备受批判，伦敦圈层式的新城模式是国内许多大城市规划的范式，而日本、新加坡等基于轨道交通的发展模式被认为是比较理想的增长模式。汤姆森从"活动中心"的强弱和交通网络形态出发，将大都市区归纳成三类：类型一是以轨道方式为主导的强中心型都市区（圈）（见图2-6）。以东京、纽约、伦敦等大都市区为代表，轨道网十分发达，在轨道中央车站周围形成了繁华的中心城区，大

1 徐循初、黄建中. 城市道路与交通规划（下册）[M]. 北京：中国建筑工业出版社，2007,3；108-109.
2 潘海啸. 快速交通系统对形成可持续发展的都市区的作用研究 [J]. 城市规划汇刊 .2001,（4）：43-46.

量的旅客利用铁路从郊外到市中心通勤。类型二是以"轨道＋汽车"为主导的弱中心型都市区。以芝加哥、墨尔本等大都市区为代表，有放射状的轨道网和发达的高速公路网路，环状加放射的空间形态，中心区的特征不明显，居住在郊外的劳动者大多利用汽车通勤。类型三是以小汽车为主导的泛中心区型都市区。城市交通完全依赖汽车这一交通工具，很难形成非常突出的中心城区，方格网结构，人口密度很低，各类城市活动呈零散型分布[1]。汤姆森的理论指出大都市区层面的中心体系和活动分布与轨道交通、高速公路联系和支撑是分不开的，轨道交通、道路网形式与城市中心体系分布和城市活动结合起来，区域的居住地点与活动中心通过交通体系形成通勤模式。

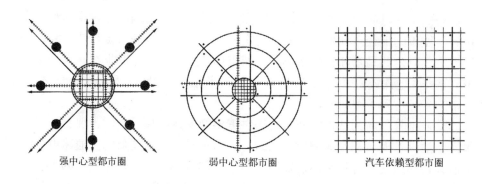

强中心型都市圈　　　　　　弱中心型都市圈　　　　　　汽车依赖型都市圈

图 2-6　汤姆森的大都市区空间结构模型

罗伯特·瑟夫洛进一步归纳了公共交通与大都市区发展互动的成功案例——公交都市。类型一是以斯德哥尔摩、哥本哈根、东京和新加坡为例的适应型城市（Adaptive Cities），这类公交主导的大都市区为了达到社会目标，投资轨道交通来引导城市增长；类型二是以德国卡尔斯鲁厄、澳大利亚阿德莱德、大墨西哥为例的适应型公交（Adaptive Transit），这类低密度蔓延的大都市区寻求一种可行的公交服务方式和采用新技术来适应；类型三是以苏黎世和墨尔本为例的强中心城市（Strong-core Cities），这类大都市在一个范围有限的中心城市的背景下，有效地整合交通与城市发展；类型四是以慕尼黑、渥太华、库里提巴为例的混合的模式（Hybrids），这类大都市在沿主要交通走廊地带集中开发和郊区提供高效服务取得平衡（见图 2-7）[2]。罗伯特·瑟夫洛对不同社会经济制度下成功的公交都市案例进行研究，展示了大都市区的发展如何与公交结合起来。

出于对蔓延式的空间增长和小汽车依赖带来的土地和能源耗用、交通拥

---

1 青山吉隆. 图说城市区域规划 [M]. 罗敏，蒋恩，王雷，译. 上海：同济大学出版社,2005：8-9.
2 罗伯特·瑟夫洛. 公交都市 [M]. 宇恒可持续交通研究中心，译. 北京：中国建筑工业出版社，2007：6-12.

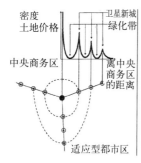

图 2-7 罗伯特·瑟夫洛的公交都市

堵的担忧，普遍认为需要鼓励基于公交的大都市区空间发展模式。罗伯特·瑟夫洛重点提出要针对不同的社会经济背景，只有按需要选择合适的交通结构和空间结构模式，才能促进可持续发展。难处在于这些模式缺少在具体城市的适应条件和评价标准，在城市空间规划的实践领域更多的是被简单参考借鉴。至于这种整体模式下面，到底不同层次的人群的出行特征是什么样的，不同地域的出行模式是什么样的，交通投资如何能够促进经济发展，改善不同社会阶层的生活条件，还没有进一步的分析。

三、空间规划理论与可持续交通

1. 与可持续交通有关的规划理论

美国低密度蔓延的郊区化进程占用了大量的农业用地和自然开敞空间、拉大了通勤距离和时间、加大对小汽车交通方式的依赖、加剧能源消耗和空气污染，导致中心城与郊区发展失衡等问题。针对郊区蔓延提出的城市空间理念包括紧凑性、可持续的交通、密度、土地混合利用、多样性和绿色城市等准则，归纳了紧凑城市、新城市主义、绿色隔离带、城市增长边界、生态城市等设计理念和规划措施，并且在全世界范围内普遍引起重视和广泛应用。

针对郊区住房低密度蔓延和以小汽车为主的长距离通勤带来的土地浪费与高能耗，当代西方主要的空间发展理论和设计方法——新城市主义提出了"公共交通主导的发展单元"（TOD）的发展模式，以区域性交通站点为中心，以适宜的步行距离为半径，在这个半径范围内建设中高密度住宅，提高社区居住密度，混合住宅及配套的公共用地、就业、商业和服务等多种功能设施，以此有效地达成复合功能的目的[1]。早期的新城市主义的领域面向的是郊区住宅蔓延的问题，提出的解决办法主要集中在社区层面如何与公交结合起来。不过紧凑城市和新城市主义等理念主要是集中于社区和邻里的层面，缺少从

---

1 什么是新城市主义？ [OL] http://www.zgdcs.com/main/2006-04/1173.htm.

大都市区的尺度去探讨交通模式与城市的互动。随着理论的发展，学界逐渐认识要解决问题，需要从多个空间层面设定措施，分区域（大都会、城市和城镇）、中观（邻里、街道和廊道）、微观（街块、街道和建筑）三个层面提出设计措施[1]。要从大都市区范围内重建现有的城市中心和外围城镇，重构不断蔓延的郊区，将蔓延式的郊区转化成真正的邻里社区和多样化的小区。英国发布《规划政策导则13》指出提高那些通过公共交通能方便到达的地区的住房和其他用地的开发密度[2]。新城市主义、紧凑城市等面向解决空间蔓延和小汽车依赖的规划理论强调土地利用模式和出行行为之间的相互联系，重视提高交通和土地利用一体化规划，推进交通可持续发展的措施是在大都市区域范围内快速公交的覆盖以及站点周边地区的用地布局和设计。

2. 影响可持续交通的政策机制

从城市政策的角度来看，关于土地利用、交通和居民行为的政策均与可持续交通有密切关系。一般来说，在交通、空间和行为系统领域，可以采取的政策措施如下表所示（见表2-1）。加强道路交通建设、改善公共交通，鼓励非机动交通方式、控制私人机动车的数量和使用、技术改进等政策措施，都是提高可达性和交通效率，促进经济发展，改善社会福利和社会公平，减少汽车废气污染物排放的政策选择。

影响可持续交通的城市政策　　　　　　　　　　　　　　表 2-1

交通系统	空间政策	居民行为
基础设施投资 交通设施供给 交通规章 停车和换乘设施 ITS 和拥堵管理 控制机动车拥有率	区划和土地使用控制 建设指标（容积率、建筑密度等） 新城开发 TOD 住房建设 税率奖励	机动车税、燃油税等相关税收 道路收费 补贴和奖励 停车收费 灵活的工作时间 排放和安全标准 信息发布

资料来源：Sustainable Transport for East Asian Megacities Outlines of Final Report.

城市政策意味着在可持续交通的目标下，采取投资、规章、税收、补贴等方式，干预城市的空间系统、交通系统和居民行为，政府部门制定交通政策和空间政策的目标是为了实现城市的可持续发展，既要保证社会人流物流的运输，也要为居民创造就业机会，为不同社会阶层居民参与社会活动提供条件，政策最终都会影响到居民的活动和出行模式。三个系统的不同部分存

---

1 新都市主义协会. 新都市主义宪章 [M]. 杨北帆，张萍，郭莹，译. 天津：科学技术出版社，2004：1-10.
2 郭清华，叶嘉安. 交通方式可达性差距——衡量交通可持续发展的指数 [J]. 杨北帆，张萍，郭莹，译. 城市交通 .2008，(4)：26-27.

在非常复杂的相互反馈的作用结构（见图2-8）。城市政策不是孤立存在的，而是有内在联系的。不同的政策所影响的对象是不同的，基础设施投资、交通设施提供等相关政策会影响到交通系统的运作以及公共交通的服务水平和搭乘率，用地规划、控制指标等空间政策会影响居民活动和出行模式，而税收、收费、补贴等措施则影响的是居民出行以及小汽车的使用。

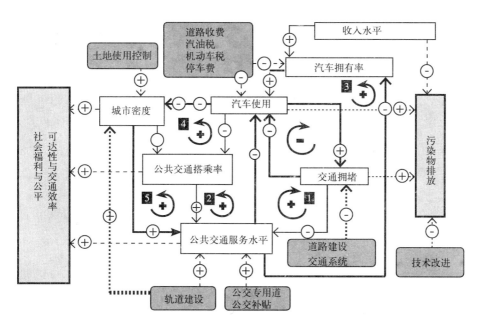

图 2-8　城市政策与可持续交通的关系

　　面向可持续交通的大都市区政策是一个综合性、目标导向和问题导向的政策选择过程。大都市区面临着人口和产业集聚和扩散的趋势，需要从空间上合理安排中心城的建设和改造，既要处理好中心城与外围新城、产业园区的关系，还要将宏观、中观和微观层面的交通和土地布局衔接起来。

四、现代城市规划理论与交通模式

　　现代城市规划的理论基础是霍华德的"田园城市"理论、柯布西耶的"光辉城市"理论和沙里宁的"有机疏散"理论，这几种理论深刻影响着全世界的大都市区空间规划和交通模式。本文在研究过程中，深感要分析空间结构、空间规划与交通模式的关系，需要从这几个城市规划的基本理论入手，才能更加深入地探讨其中的理论关系及其规划实践中的影响，以下分别做重点分析。

1. 田园城市理论

面对伦敦等大城市人口急剧扩展带来的拥挤、卫生等问题，霍华德于

1898 年出版的《明天：走向真正改革的平和之路》提出"田园城市"方案，通过在中心城市(5.8 万人)的周围，创造若干个具有乡村优势的田园城市(3.2 万人)形成"反磁力"来吸引居民，这些田园城市整体上成圈状布置，借助快速铁路只需几分钟就可以往来于中心城市和其他田园城市之间，并提出了如何从资金筹措、土地分配、城市财政支出等方面实施的路径。1903 年霍华德在距离伦敦 56km 的地方建设了第一座田园城市——莱契沃斯，根据"田园城市"的布局要点做的规划，目标人口 3 万人。"田园城市"的重点在于如何在距离中心城一定距离之外的郊区，建设成一个比中心区更有吸引力的新城镇，而中心城与田园城市之间的空地则可以保持为农业和绿化用地，规定规模保持在 3.2 万人以内，超出这个规模之后，可以新建一个田园城市，各个田园城市之间可以用铁路和公路保持联系[1]。田园城市和中心城的规模较小，彼此之间的距离也较短，外围居民可以在很短的时间内到达中心区（见图 2-9）。

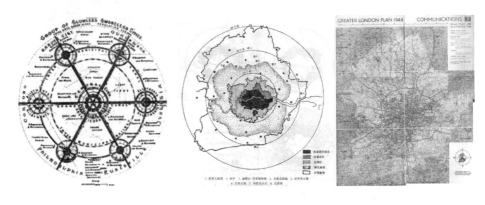

图 2-9　田园城市图解与 1944 年的大伦敦规划

之后的"大伦敦规划"是"田园城市"理论的重要延伸与再发展。20 世纪初伦敦的社会经济的快速发展使得建成区规模不断扩大，在距离市中心 8 ~ 24km 的郊区铁路沿线建满了低密度住房，而中心城周围的小城镇由于交通联系方便，上下班通勤距离短，随着工业大发展，居住人口也是大量增加，由于缺少规划，新建住宅主要沿交通干线杂乱无章地分布，加重市政设施和管线的投资压力。中心城市人口和产业的集聚和膨胀蔓延造成了道路拥堵和环境问题，使得城市政府需要考虑改变已有的集中在中心城区的建设模式，在中心城区外的区域建设新城镇来容纳人口增长。1944 年阿伯克隆比制定的"大伦敦规划"提出在郊区集中建设若干个卫星城来疏散人口，以避免

1　孙施文. 现代城市规划理论 [M]. 北京：中国建筑工业出版社，2007：87-91.

大城市过度发展，在中心城外围用绿带圈住[1]。

　　以"大伦敦规划"为代表的卫星城模式是建立在保持强有力的中心区的基础上，将一部分的居住功能跳跃式地外迁，使用高速的铁路和公路来保持居民和中心区的联系，也就是以时间来换空间。卫星城建设创造的居住空间在吸纳新增人口的同时，也带来中心城区内的居住空间跳跃式外移。大伦敦的卫星城的建设是为了避免近郊区无控制的、杂乱无序的蔓延所采取的政府干预。在中心区主要功能高度集中的情况下，大都市区采用圈层式卫星城加绿带的模式，使得更多在中心城就业和活动的居民住在离中心城更远的卫星城内。当中心城人口增长大大超出预想的情况下，绿环的控制使得中心城内居住容量有限，无法大规模提高，这时候就需要新建更多的卫星城或者增大规模，卫星城居住人口的比例占总体的比例是在不断提高的。中心城与卫星城的居住环境差异也会影响到居民的空间流动，由于中心区住房质量的改善余地不大，卫星城新增加的高品质的、低价的住房虽然吸引着中心城原有高收入的居民外迁或者新迁入的居民，而腾出来的住房则为新迁入的居民入住。

　　卫星城和环城绿带也带来了新问题，与大都市区规划的初衷不完全相同。由于中心城密集的就业岗位和更好的公共服务设施是卫星城难以媲美的，所以卫星城居民的活动仍然是集中在中心区内。由于大伦敦规划最初对于卫星城与中心城之间的通勤联系缺少考虑，当卫星城开始聚集大量的居民之后，就发现每天都有大规模的居民潮汐式地往来于两者之间，在出行距离增加的情况下，高速铁路或者公路使居民采用轨道交通或者小汽车的方式出行，将卫星城和中心城之间的出行时间减少到可以承受的范围内。卫星城建设本来是为了避免人口集中导致在中心城过度的扩展和蔓延，将居住空间分散式集中分布，而卫星城在实现人口居住空间跳跃式流出的同时，居民的就业、购物等活动过度集中在中心区又带来了拥堵和长距离出行。当圈层式加绿环的结构模式无法改变的时候，所能做出的改善就是增加卫星城的就业岗位和公共服务设施，目的是提高居民就地工作和购物休闲的比例，这也是卫星城从单一"卧城"走向独立"新城"的历程。还有就是增加郊区的道路联系，试图提高卫星城之间的联系的比例。

　　问题在于在大都市区化的背景下，在卫星城需要创造多少和什么类型的就业和服务设施，才能够实现自给自足式的居住就业平衡？实际上，在卫星城和中心城之间空间距离适当和有便捷的交通联系（轨道或者小汽车），使居民在出行活动控制在一定的可以承受的时间范围之内（如1小时），卫星城中居民的就业平衡情况受到卫星城和中心区就业岗位或者提供服务设施之间水平差异的影响。假如说卫星城本来就是以居住为主要功能的，那

---

1 规划建设新城镇的最初目的是承担中心城市的居住功能，在就业、购物等方面与中心城区之间有密切关系，类似于宇宙间卫星和行星的关系，也被称为卫星城。

么不可避免的是大量的居民仍然以在中心城工作通勤为主，试图通过在当地提供就业岗位来转变工作是很难的。只有当卫星城是以工业园区的开发为主，配套居住又是适合于园区员工居住环境要求并且是可支付的时候，才能够保证有比较好的就地平衡。而最差的情况是，中心城的居民跑到卫星城去工作，而卫星城的居民使用轨道到中心城或者使用小汽车到其他卫星城去工作。圈层式卫星城加中心城绿环的规划干预模式（模式二）相比规划不干预前的自然蔓延模式（模式一）增加了居民与活动中心的空间距离（见图2-10）。假如通过提供就业岗位或者服务设施的方式——土地混合使用能够改变居民的活动方式的话，那么在模式一也考虑土地混合，是不是也能够生效？当然，一个大都市区的空间结构一旦确定实施之后，就不可能谈论假设了。

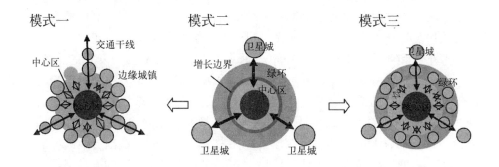

图 2-10　卫星城模式比较

卫星城和中心城之间密切的、大规模的活动联系也影响到交通工具的选择和竞争。与中心城之间的铁路连接使卫星城与中心城之间可以保证大运量和快速的联系，这也保证了卫星城可以维持较大规模和减低空间距离造成出行时间增长。当在卫星城与中心城之间假设有轨道和高快速服务的话，当居民收入水平提高，拥有和使用小汽车支出不形成制约的时候，那么私人汽车比轨道交通的优势将是非常明显的。人口总量增加和私人汽车高度使用造成的郊区放射道路和中心城区内拥堵以及相应的能源和环境问题，就演变成如何从环境设计、服务水平和财政补贴来提高轨道交通的吸引力，如何从燃油税、拥堵收费、停车位控制等来控制小汽车使用。当然，在居民还没有拥有和使用小汽车的情况下，提高轨道交通的吸引力可以提高公交的比例，但是在居民已经习惯了使用小汽车以及出行有方便的道路联系的情况下，要改变居民的出行方式就不是那么容易了。大伦敦规划方案卫星城建设的前提是区域内已经有铁路，政府要做的就是转变了郊区分散的建设活动，选择在中心城一定距离外、已有轨道交通支撑的地区集中建设一定数量和规模的卫星城，当这些卫星城还不能满足居住需求总量的时候，那么就会在轨道线边再增加一批卫星城。从绿带的控制和卫星城的建设，伦敦对于土地开发具有很强的控制力，并且有一套连续的规划机制和卫星城建设机制。

2. 光辉城市理论

霍华德"田园城市"理论是通过新建城市来解决大城市规模膨胀的问题，而现代建筑运动大师勒·柯布西耶 1931 年提出的"光辉城市"（The Radiant City）的规划方案，也是为了解决城市规模扩张，他采取的方法是规划布局形式和建筑方式等技术手段，这种手段是采用大量的高层建筑来提高密度，建立一个高效率的城市交通系统[1]。

柯布西耶在 1922 年《明天城市》（The City of Tomorrow，1922 年）提出了 300 万人口的现代大城市构想方案，按照工业区、商业区、居住区等功能分区布局，其中外围的田园城市居住人口 200 万，部分在工业城就业，部分在中心区就业；而城市中的人口 100 万，有 40 万居住在城市中央 24 栋 60 层楼高的摩天大楼内，60 万居民住在外围多层连续的办公建筑内，在中心区内就业。田园城市与中心城市之间保持良好便捷的轨道交通联系(见图 2-11)。

中心区的高密度开发和立体交通体系的规划模式。柯布西耶认为中心城市是商业和居民活动的中心，是紧密的、快速的、充满活力和集中的、有良好交通组织的，中心区的规划需要减少城市中心的拥堵，增加为出行服务的交通方式，提高城市中心的密度，增加公园和开放空间。柯布西耶强调"垂直的田园城市"，就是采用立体型的交通体系，城市交通系统由地下轨道和人车完全分流的高架道路系统构成，建筑物完全架空，全部地面由行人支配（见图 2-12）。

图 2-11　光辉城市的区域观

"光辉城市"在区域和中心区的应用和实践。"光辉城市"中提出中心区的高密度开发和立体交通体系的规划模式影响深远。虽然勒·柯布西耶在巴黎市中心改建规划方案——"伏瓦生规划"（Plan Voisin）中提出所持有的激进态度和将巴黎夷为平地的做法，备受争议，其在方案中采用的严格的几何性构图，矩形和对角线的道路交织的手法也并不一定被认可，但是规划中采取的高密度的住宅和办公楼开发、绿化和开敞空间、立体化的交通体系、与周边区域有便捷的交通联系等，仍

1 孙施文. 现代城市规划理论 [M]. 北京：中国建筑工业出版社，2007：92-96.

图 2-12　勒·柯布西耶的明日城市和光辉城市方案

然是世界多数中央商务区的模式。有别于"田园城市","光辉城市"的理论是建立在紧凑的、有交往空间的中心区能够保持城市活力的认可上,在同样的规模下,建筑向空中垂直发展可以创造更多的绿化和开敞空间,交通的立体衔接可以减少道路拥堵和改善步行环境,城市与郊区的轨道交通在中心区中央车站汇集可以保证田园城市和城市居民能够便捷到达。

　　勒·柯布西耶的"现代城市"和"光辉城市"是在设定 300 万的人口规模,城市与郊区田园城市保持 1:2 的分布的条件下,如何建构中心区空间布局和立体交通体系,以实现控制中心城的规模和保证城市交通效率的方案。这种整体性的城市布局只有在 1950 年代印度昌迪加尔的规划中才得到体现,更多是在新中心和新城建设中实践,比如说巴黎拉德芳斯副中心、上海陆家嘴等。"光辉城市"的深远影响不在于人口规模或者改造城市的激进手法,而是提供了一种与"田园城市"不同的发展理念,以及可以普遍应用的新区规划建设的理念和技术方法,当然,"光辉城市"的理论建构有前提条件和目标取向,在具体实践如何应用和取舍则见仁见智。

　　3. 有机疏散理论

　　"有机疏散"理论是 1917 年芬兰规划师沙里宁(E. Saarinen)在"大赫尔辛基规划"中提出来的,并在 1942 年出版的《城市:它的发展、衰败和未来》(The City:Its Growth,Its Decay,Its Future)一书中详尽阐述了这一理论。沙里宁把城市比成一个有机的整体,城市活动存在有机的秩序,一旦机体的某一个部分遭到破坏,那么整体机体就会瘫痪和失调。面对当时工业革命后走向衰落的内城,沙里宁认为必须从形态和精神上对城市加以全面更新,把衰落地区的重工业和轻工业疏散出去,把拥挤在中心城区的居民疏散到更适合居住的环境里,腾空出来的用地可整顿为商业办公居住用地。

　　"有机疏散"是在整治城市衰败过程中,提出内城更新和郊区建设的问题。人口和产业向郊区疏散被认为是解决现代城市问题途径,但是不恰当的疏散也可能带来一系列问题,"有机疏散"就是针对"无机"的疏散行为提出的理念和对策。20世纪70年代以来,有些发达国家城市过度地疏散、扩展,又产生了能源消耗增多和旧城中心衰退等新问题,原因就在于大城市建设新城、改建旧城以及大城市向城郊疏散扩展的过程,缺乏充分的协调,这也是"有机疏散"理论后来在世界各国城市规划建设中有重要影响的原因。沙里宁用有机体来表示城市,显示出他充分重视内城更新和郊区建设之间相互作用的整体观,以及对城市活动和居民联系的深刻把握。

"集中单元"是"有机疏散"理论改善城市空间布局和功能组织的核心理念。沙里宁认为,不是现代的交通工具使城市陷于瘫痪,而是城市的机能组织不善,迫使在城市工作的人每天耗费大量的时间、精力往来旅行,造成城市交通拥挤堵塞。沙里宁提出根据"对日常生活进行功能性的集中"和"对这些集中点进行有机的疏散"的原则,改变一整块拥堵的增长方式,将原来密集的城区分裂成一个个由保护性保护绿带隔离开来的、在活动中有相互联系的"集中单元"。集中单元能够将个人日常的生活和就业等"日常活动"的区域集中布置,居民可以就地就近工作,活动需要的交通量减低到最少,居民出行以步行为主,不必使用机动化工具(见图2-13)。

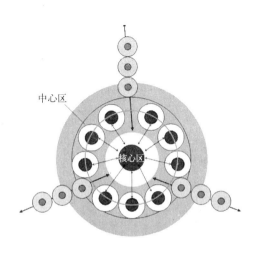

图2-13　有机疏散理论的区域观

"集中单元"适用于内城更新和郊区建设,目的是减低人口和产业疏散之后就业与居住的失衡和空间距离增加对于居民出行距离和交通方式的影响。沙里宁提出旧城内工业外迁的大片土地可用于增加绿地和提供给那些需要在城市中心地区工作的技术人员、行政管理人员和商业人员作居住之地,让他们就近享受家庭生活。并且还要将郊区单一居住功能的卧城式卫星城转变成"半独立"、可以解决一部分居民就业的城镇,以此缓解与中心城区通勤的压力。"有机疏散"理论对卫星城从卧城到"半独立"再到"完全独立"的功能定位和布局模式产生深远影响,也推动城市从单中心向多中心转变。

集中单元依托轨道交通的逐渐向外离散的"有机疏散"理论实践——大赫尔辛基规划(见图2-14)。赫尔辛基郊区开始建设的卧城式卫星城带来的大量长距离的交通,使得沙里宁并不认可远离中心城市的"跳跃式"卫星城模式,他认为应该是一步一步"有机的"逐渐离散,这样才不会破坏有机体各个部分。大赫尔辛基规划创造的"集中单元+绿楔"点轴式疏散与轨道交通的支撑是分不开的。轨道交通可以保证新开发单元与现有单元之间的便捷和快速联系，减低空间疏散对出行距离和时间影响，也可以减少居民使用私人小汽车，大都市区的空间形态也呈现出点轴式带状从城市中心向外推移，在"集中单元"指导下通过功能组织的分化和重构，再加上严格的绿楔控制，使高度集中的单中心结构转化为若干功能相对完整、生活相对独立、空间相对分离的组团或多核结构[1]。

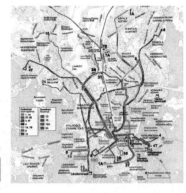

图 2-14 大赫尔辛基轨道交通

"田园城市"、"光辉城市"和"有机疏散"理论及其经典的空间规划模式对大都市区空间规划有深远的影响。"田园城市"最早提出来建设卫星城形成"反磁力"和保留绿化空间的设想，接着"光辉城市"从城市布局和建筑设计的角度，提供一种高密度、高容量、开敞空间的开发方式和立体交通的空间模式，在中心区、新城、地铁站点周边或上方的楼宇都得到体现。田园城市和光辉城市是现代大都市在面对空间扩展过程中面临两种选择，或者是解决方案的两个不能分离的部分。而"有机疏散"理论对于渐进式外推的有机疏散方式和"集合单元"生活就业活动平衡的考虑，形成了两种基于轨道交通的有别于基于小汽车的无序蔓延的"圈层式"和"走廊式"空间布局模式，则是在这两种理论下空间拓展的形式。

大都市区在不同的发展阶段和规划体制的背景下，面临不同的规划理论选择以及对应的空间布局模式，需要指出的是，空间规划理论的选择与布局形态之间并非一一对应。相同空间理论可能被用于不同的空间层面，或者不同的理论被用于不同的功能区域。但是，空间理念和布局模式必须是建立在对大都市区的问题和目标有清晰认可，并且切实可行的基础上，保持适当的弹性和调整的余地。

1 集中单元的理念在我国大城市当前的空间重构过程具有非常强烈的启示意义。我国在长期的计划经济时期形成了单位制、大院制或者"厂区-住区"的就地平衡模式，在市场经济和就业市场日益活跃的发展过程中，正在发生剧烈的变化，从"蜂窝城市走向大流量城市"，也是大城市旧城更新过程中需要重视的问题。

五、相关研究综述

综上所述，国外关于空间对居民出行影响的研究很多，研究的结论是可持续交通理论和策略的基础，普遍认为空间特征与居民出行有一定的联系，但是对于具体哪个特征对于出行行为的影响大小还是很难确定的，一方面是因为相对于空间特征来说，社会经济特征和制度背景的影响也是同样重要的，有些发达国家的调查研究结论在中国现阶段的经济实力和制度背景下会有差异。另一方面国外部分出行研究是建立在对"大都市区"有明确定义和连续的调查的基础上的，而在国内既没有明确的大都市区边界也没有连续的调查数据，纵向研究和横向研究都比较难。由于交通调查的数量大，难度高，通常都在交通规划过程才组织调查，只有上海、广州、杭州等大城市已经根据历次调查成果建立了相对较完善的数据库，这些出行数据库一般都是不可公开获取的，使我们对国内各种类型和区域的出行模式没有很好的整体性梳理，能够在严格界定范围内做纵向比较和横向比较的案例更少，加上城市部门分隔，相关的人口、经济、空间等指标也同样困难，对于大都市区或者特定区域的空间结构与交通模式的研究很少。即便是在上海、广州等城市居民出行调查数据比较齐全的大城市，也只能对城市居民整体出行特征评价，缺少前后深入的比较，更缺少对于大都市区域横向和纵向的比较。中国大城市的"大都市区化"和机动化进程到底是什么类型的，会造成什么问题？这些都需要进一步研究。上海、北京等大城市已经有几十年的空间规划实践，积累大量的土地利用和交通调查数据，轨道交通建设和高快速路建设基本形成，在此基础上有目的地做一些补充调查，可以分析归纳大都市区化和机动化进程对于中国大城市空间结构和交通模式的影响，可以为其他的大城市提供借鉴。

从规划理念看，国外研究者针对城市空间和交通发展，提出了新城市主义、紧凑城市、都市村庄和 TOD 等发展理念，希望使用空间规划和交通政策来促进更加可持续的交通出行 [奥尔德斯（Aldous），1992；考尔索普（Calthorpe），1993；瑞安（Ryan）和麦克纳利（McNally），1995]。这些理论是在面对出行增长的背景下，为了减少不断增加的出行对于环境的影响，探索通过空间布局和土地开发活动，实现促进交通可持续发展而提出来的空间形态，被全世界广泛地认可和应用[1]。不过这些空间规划理论的适用范围也有一定局限，到底在什么情况下，应适用什么理论，也没有很好的界定，也导致了这些空间理论在空间规划领域的滥用。有必要反思之前的空间规划和政策所构建的空间模式对交通可持续发展都带来什么影响？哪些交通问题是由此引起

---

1 Katie Williams．Spatial Planning, Urban Form and Sustainable Transport: An Introduction．Ashgate Publish Limited, 2004：1-4.

的？哪些规划是可以改动的，哪些是不好改动的，都需要做评价和分析。

从案例研究看，城市案例研究比较易于理解，容易为政策制定者采用，在城市规划领域普遍应用。从国内的研究和结论来看，普遍认可通过空间规划来推动交通可持续发展，不过国内空间规划实践中多数仍停留在简单的比较借鉴阶段，主要参考案例包括纽约、伦敦、东京、巴黎等四大国际城市的人口分布、空间布局、轨道交通等特征，以及库里提巴、斯德哥尔摩、哥本哈根、新加坡、香港等如何整合空间发展与交通资源的规划实践经验[1]。多数的案例集中在美国和欧洲，对国内的开发实践案例缺少深入的研究和归纳总结，能够给国内城市提供借鉴的模式不多，众多的规划实践的经验教训都没有很好地横向比较和纵向分析。当前，上海、北京、广州等都已经形成具有国际性影响力的大都市区，有必要重视这些地区的空间结构、交通模式研究。

从研究尺度来看，城市案例选取的地理区位和空间尺度差异也会影响到研究重点，在大都市区层面需考虑新开发住宅、商业或者工业等地区的区位与基础设施和公交的联系，以及这些新开发地区的尺度、形状和土地利用类型，在城区层面研究考虑的是土地混合使用程度和规模，以及这些项目如何与交通节点整合起来开发。但是，区域之间、城市之间、片区之间的竞争使得当前大城市的开发建设是全方位的，包括城市中心CBD、旧城更新、郊区居住区、新城开发等都是同时在进行的，这些次区域的开发建设活动所形成的子系统汇总起来会对大都市区总系统构成重要影响，如何去看待这个过程和作出应对，也是需要通过整体分析的。

大城市空间结构与交通是国内城市规划和交通研究领域的热门论题，主要集中在城市居民出行特征研究和大城市交通模式方面，新城市主义、紧凑城市等理论在空间规划领域被大量借鉴，不过国内在研究方法、数据调查、理论创新和实践方面仍有不足，需要进一步深入研究。

---

1 2005年丁成日结合北京总体规划编制研究成果写作的《城市规划与空间结构——城市可持续发展战略》对这个问题有比较深入的探讨。

第三章 大都市区发展与交通问题

中国社会经济处于快速发展时期，经济和产业持续增长，大城市的空间环境和生活方式都市区化趋势明显。高快速路和主干道建设为产业在更广范围内布局提供可能，轨道交通和小汽车进入家庭更使得居民拥有更多的居住地点选择，这都使人口和产业的集聚和扩散逐渐从中心区走向郊区，城市居民的机动性发生转变，居民出行需求及时空特征出现明显改变，交通需求的总量在持续增长，需求结构和空间分布也在发生变化。大城市普遍加大了区域性主干道路、轨道交通建设，提升交通运输能力，改善地区可达性。需要研究的是大城市的社会、经济和空间的大都市区化进程是如何刺激交通需求增长的？通过增加道路交通供给是否能够满足交通需求增长和减少小汽车过度使用？以空间结构为重要手段来解决交通问题是否必要？本章以上海等城市为例，从产业与经济、人口与就业、空间结构、机动化与居民出行特征等方面整体分析大都市区发展趋势和可持续交通面临的难题。

一、社会经济与空间的大都市区化进程

1.产业与经济

大都市区的经济发展和产业分布处于从中心区向郊区转移互动的动态过程中。根据学者研究，大城市生产者服务业空间发展过程一般来说可以分为四个阶段，阶段一是生产者服务业在中心城 CBD 的高度集聚，阶段二开始出现了生产者服务业在郊区试探性的随意分散，阶段三生产者服务业的郊区分散在空间上较为明确，同时出现对于集聚经济的需要，在郊区的主要交通节点开始集聚，阶段四是生产者服务业在郊区集聚地进一步巩固，与中心城形成一定的功能分工，中心城的生产者服务业进一步发展（见图3-1）。我国的大城市正处于阶段二与阶段三之间，上海、广州等大城市不只是制造业位于郊区，一部分服务业功

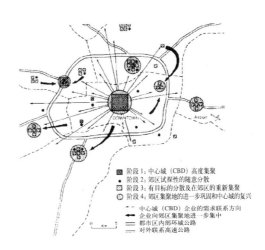

图 3-1 城市生产者服务业空间结构的动态演变模式图

能也开始在郊区积聚，这会对大城市中心体系产生影响。

产业和经济发展主要体现为规模总量、结构和空间分布的变化，这些都会对交通发展产生影响，以下从这几个方面，分析大都市区产业经济发展对于交通的影响：

（1）经济总量增长带来客货运输总量倍增

20世纪80年代以来国内沿海地区大城市在工业化的推动下发展很快，国民生产总值保持10%以上增长速度，以广州、深圳等为中心的珠三角地区和以上海、杭州、南京等为中心的长三角地区发展成为全世界制造业发达的城市群区域。与经济发展同步的是客货物运输量和周转量的成倍增长。以上海为例，1980～2006年间国民生产总值增长了31.2倍，对外的货物和旅客运输量分别增长了2.8倍和3.3倍，客货运输量与国内生产总值的增加比例大约为10：1，国内生产总值的增长带来了客货运输的增长。从周转量来看，客货运周转量增加的倍数高出客货运输量增长倍数约4倍，说明交通条件改善，大城市经济活动的影响范围扩大，对外客货运输需求增加，运输距离增加（见图3-2，表3-1）。而大城市内部的出行需求也在增加。根据上海市第三次交通大调查，2004年上海日均出行4100万人次，比1995年增长45%，日均机动车出行总量714万车次，其中汽车出行量500万车次，比1995年增长220%。社会经济增长背景下，大城市对外和对内的交通运输总量也在快速增长。

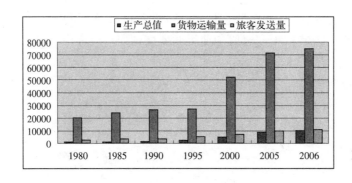

图3-2　1980～2006年上海国民生产总值与客货运增长比较

（2）产业结构调整影响客源构成和活动规律

经济总量增长的同时，产业结构也在演变，产业结构调整改变了客货运输结构。大城市传统产业结构是以第二产业为主，虽然近年来第二产业和第二产业生产总值保持增长，不过增长速度差异使得产业结构也在变化，从各个产业的从业人数和比例构成变化可以看出产业增长和产业结构转变。以上海为例，第三产业的比例从1980年的21.1%增加到2006年的50.6%，2000～2006年间第三产业就业人口六年增加了12%（130万人），第二产业

年份	生产总值 （亿元）	货物运输量 （万吨）	货物周转量 （亿吨·公里）	旅客发送量 （万人次）	旅客周转量 （亿人·公里）
1980	311.89	20037	1487	2369	49.31
1985	466.75	24243	2015	3434	87.20
1990	781.66	26777	3359	3835	113.94
1995	2499.43	27571	4187	5265	170.98
2000	4771.17	52206	6620	6893	234.72
2005	9164.10	71304	12132	9487	663.93
2006	10366.37	75184	13837	10205	742.87
1980 ～ 2006	32.2 倍	2.8 倍	8.3 倍	3.3 倍	14.1 倍

资料来源：上海统计年鉴2007。

1980 ～ 2006 年上海产业结构　　　表 3-2

年份	生产总值 （亿元）	就业人口 （万）	产值比例		
			第一产业	第二产业	第三产业
1980	311.89		3.2%	75.7%	21.1%
1985	466.75		4.2%	69.8%	26.0%
1990	781.66		4.4%	64.7%	30.9%
1995	2499.43		2.4%	56.8%	40.8%
2000	4771.17	828.35	1.6%	46.3%	52.1%
2005	9164.10	863.32	1.0%	48.6%	50.4%
2006	10366.37	885.51	0.9%	48.5%	50.6%

资料来源：上海统计年鉴2001，2006，2007。

就业人口减少了 7%（39 万），第一产业就业人口减少了 5%（34 万）。总体来说是第一产业所占比例逐步减少，第三产业比例快速增加（见表 3-2）。第三产业总量增长是城市中心区的商务、办公等服务业发展带动的，体现大城市从"生产性城市"向"生活性城市"的转变。产业结构的变化背后是人口总量和第三产业人口的增加，相对应地会带来交通运输客源的变化。

　　（3）产业空间布局扩张增加交通需求

　　产业结构演变和产业空间布局带来大城市经济活动的变化，也会反映到城市客货运输结构。以上海为例，上海城市内环线以内地区，以发展第三产

业为重点；城市内外环线之间的地区发展高科技、高增值、无污染的工业为
重点；城市外环线以外的地区以发展第一产业和第二产业为重点，集中建设
市级工业区，积极发展现代化农业和郊区旅游业。中心城区提出包括陆家嘴
中央商务区、人民广场市级中心、徐家汇、花木、江湾—五角场、真如市级
副中心等构成的中心体系，主要发展服务业，在郊区重点发展浦东微电子产
业基地、安亭汽车产业基地、上海石化产业基地、宝钢精品钢基地、临港装
备产业基地、上海船舶产业基地等产业基地。大都市区的产业空间布局突破
了所有产业集中在中心城及其边缘的特征，产业空间的调整无疑会影响城市
的客货物运输。以服务业为主的城市中心建设会形成高密度开发的中心区，
高峰时刻通勤活动的压力会非常大，迫切需要高容量的运输方式支持；以制
造业为主的产业园区在距离市中心 10～50km 范围内，难免会造成居民长
距离出行，需要快速公交的要求比较高，不然将会鼓励居民采用小汽车方式，
也会制约产业园区的发展（见图 3-3，图 3-4）。

图 3-3 上海中心区中心结构体系

图 3-4 上海重点产业园区分布

经济活动是城市运转的内在动力，经济持续增长会带来客货运输量的增
加，要求交通体系有更高的运输能力，加大对外和内部交通基础设施建设。
产业结构调整和行业就业岗位反映了城市经济活动的内在变化和空间活动强
度，第三产业发展会增加中心区开发建设和功能活动密度，产业园区和第二
产业往外扩展的趋势则会加大中心城与外围的联系密切程度。经济增长需要
城市交通运输能力相应提升，功能活动和行业就业岗位分布要求区域差异化
交通服务。

2. 人口与就业

（1）大城市及其辐射地域人口集聚扩大出行需求总量

伴随着经济增长和工业化进程是中国快速的城市化和人口空间迁移。中国的城市化率由 1993 年的 28% 提高到 2006 年的 43.9%（见图 3-5），每年有上千万的人从农村涌向城市，从中部和西部流向东南沿海发达城市地区。根据国民经济和社会发展第十一个五年规划纲要，2005～2010 年每年至少有 1500 万以上的人口从农村流向城市，城市人口从 2005 年的 5.6 亿达到 2010 年的 6.4 亿。巨大的人口基数使得中国城市化进程对于大城市的发展是如此巨大。

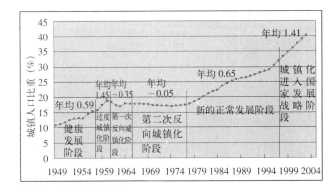

图 3-5　中国的城镇化曲线

大城市人口总量增加主要来自外来人口迁入和本行政区域内城市化率提高。以上海为例，2000～2006 年，常住人口增加了 207 万，年均 2%，主要是以居住半年以上的外来人口的增加为主，共增加 168 万，年均 9%，占新增常住人口的 81%。半年以下的外来人口的增加更快，增加了 81.5%，年均 13%，外来人口迁入构成人口增长的主要动力（见表 3-3）。

2000～2006 年上海的人口构成　　　　　　　　表 3-3

指　标	2000 年（万）	2006 年（万）	2000～2006 年 数量（万）	2000～2006 年 比例
年末常住人口	1608	1815.08	207.1	12.9%
户籍人口	1309	1347.82	38.8	3.0%
外来人口（半年以上人口）	299	467.26	168.3	56.3%
外来人口总量	387	627.01	240.0	62.0%
半年及以上人口	299	467.26	168.3	56.3%
半年以下人口	88	159.75	71.8	81.6%
实住人口（户籍人口＋外来人口）	1696	1974.83	278.8	16.4%
就业人口	745.24	885.51	140.3	18.8%

资料来源：上海统计年鉴2001，2007。

41

大城市具有优越的就业岗位和生活环境，推动农村人口的城市化进程和吸引人口城市间迁移，大城市成为人口流动频繁和流入数量最多的空间载体。与上海一样，沿海经济发达地区大城市都面临着人口规模急速增加的过程，大城市人口增加的规模和速度如此之大，对现有的空间格局在短时间内会产生冲击，人口总量增长带来的出行总量会给现有有限的交通运输能力造成压力，新增人口在局部地区的高密度分布会造成道路拥堵和公交运力不足。

（2）就业岗位空间分布影响通勤活动和交通模式转变

大城市人口迁移与就业岗位的增加之间有内在联系，产业发展创造的就业岗位吸引着人口迁入，并且导致城市人口规模扩大。以上海为例，2000～2006年间就业人口增长了140万，增长率18.8%，同期户籍人口增加了38.8万，常住人口增加了12.9%，实住人口增加了16.4%，说明了外来人口的增加与就业人口的增长有关。根据新古典经济学关于迁居理论，迁入人口将基于就业岗位选择居住空间和通勤行为，新增人口由此构成的"就业—居住—出行"模式叠加到现有城市交通上，对城市交通运行的影响一方面体现出城市活动和就业岗位空间分布变化。以上海为例，一方面工业产值仍保持快速的增长速度，而第二产业人口的人数却在减少，说明工业人均产值在提高，这个主要是大城市第二产业升级的效果，与外围大规模产业园区和新型产业的发展是分不开的，比如说上海的张江高科技园区、金桥加工区和临港新城等，而第二产业人口减少主要原因是中心城的已有工业企业的关停并转，中心城的部分工业就业人口转向服务业。另一方面，第三产业的就业人口总数和比例增长非常快，这个与大城市在区域之中的重要地位和对周边地区的辐射作用有关系，中心城内金融、咨询和商业等服务业发展，相应带动了就业人口的增长（见图3-6）。就业人口数量和比例转变与大城市在中心城实行"退二进三"和郊区大规模的工业园区建设策略是分不开的。

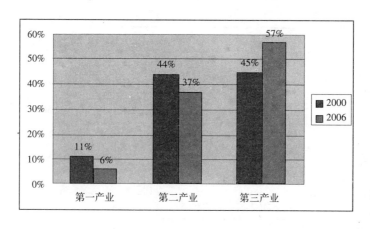

图3-6 2000年和2006年上海产业就业人口结构对比

为了能够深入反映产业结构的变化，以下进一步分析上海主要行业的就业人口构成。以 2000 年和 2006 年的数据比较可以看出，第三产业的就业人口快速增加，特别是金融、文化、信息、科研等尖端行业，增长比例在 50% 以上，金融、信息、科技等高端行业服务业主要集中在中心城区使得中心城活动强度不断增加，批发零售业和运输业人口的增长也反映出城市客货运的增长（见表 3-4）。

2000 ～ 2006 年上海主要行业人口构成   表 3-4

产业		2000 年（万）	2006 年（万）	2000 ～ 2006 年	
				就业人数	增减比例
第一产业	农、林、牧、渔业	89.23	55.33	-33.90	-38.0%
第二产业	制造业	323.09	279.08	-44.01	-13.6%
	建筑业	37.02	43.10	6.08	16.4%
第三产业	租赁和商务服务业	85.15	50.98	-34.17	-40.1%
	教育	30.56	27.77	-2.79	-9.1%
	卫生、社会保障和社会福利业	19.00	18.41	-0.59	-3.1%
	公共管理和社会组织	16.18	19.05	2.87	17.7%
	交通运输、仓储和邮政业	36.69	49.23	12.54	34.2%
	科学研究、技术服务和地质勘查业	10.94	16.15	5.21	47.6%
	批发和零售业	105.85	160.00	54.15	51.2%
	信息传输、计算机服务和软件业	6.52	9.89	3.37	51.7%
	文化、体育和娱乐业	5.50	10.16	4.66	84.7%
	金融业	10.05	19.57	9.52	94.7%
	居民服务和其他服务业	39.55	83.83	44.28	112.0%
	房地产业	9.33	29.95	20.62	221.0%

资料来源：上海统计年鉴2001，2007。

　　城市产业结构和行业人口的增长情况反映出城市经济活动的发展态势，不同行业的就业岗位在空间上的分布有其内在规律，而就业人口的文化层次和收入水平也决定了其居住空间选择和出行方式。比如说，上海的金融、商业和办公等服务主要集中在中心城内环线以内的人民广场、陆家嘴、徐家汇等中心和淮海路、四川北路等沿线，城市第三产业的楼宇建设和就业岗位总体上是在这些区域上扩展，在高昂的房价或者房租制约下，相应增加的就业人口也是从外围指向这些高强度开发的地区，这些地区的职业类型就决定了相对高收入、年轻化的人群的生活、工作规律和通勤特征。由于生产服务业高度集中于中心区，大量的就业人口在中心城边缘聚集，高峰时刻中心区内的交通拥堵非常严重，而靠近产业园区的郊区社区条件远远不如中心城，导致不少在郊区工作的居民居住在中心城，需要长距离通勤。

（3）人口结构和特征变化加大对多样化交通方式的需求

大城市人口总量增加的同时，居民收入水平、年龄、文化等社会经济特征与人口规模同时在发生变化，对于交通出行也会产生影响。一方面大城市经济增长使得居民收入水平逐年增长，以上海为例，1990 年以来居民的可支配收入与消费支出保持大幅增长，年人均可支配收入从 2182 元增长到 2005年的 18645 元（见图 3-7）。收入水平提高使居民有能力可以为改善生活条件，购买郊区的住房和小汽车，这个可以从城市居民可支配收入和消费情况的比较看出，对于交通的需求也会相应提高。

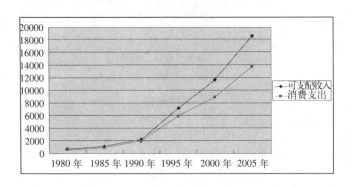

图 3-7　上海各时期居民支出总量与比例演变

另一方面人口结构老龄化和弱势群体也是可持续交通需要面对的问题。按照国际标准，60 岁以上老人占人口的比例在 10% 以上，就进入老龄化时代，我国在 20 世纪 90 年代开始进入老龄化社会。以上海为例，2006 年，60 岁以上的老年人比例已经达到 20% 以上，并且老年人的寿命期望值还在不断地提高，老龄化社会将成为一种常态（见表 3-5）。老龄化社会意味着越来越多的老年人的交通出行需求必须得到满足，城市需要创造适合于老年人活动的场所和交通条件。此外，大城市人口的职业、文化、地缘等因素也在发生变化，低收入阶层、女性等群体的出行需求也日益受到重视。

2006 年上海年龄结构　　　　　　　　　　　　　　　　表 3-5

年龄	17 岁及以下	18 ～ 34 岁	35 ～ 59 岁	60 岁及以上	合　计
户籍人口	154.07	328.86	609.54	275.62	1368.09
比例	11.26%	24.04%	44.55%	20.15%	100%

资料来源：上海统计年鉴2007。

44

3. 空间结构

（1）同心圆、高密度的扩展模式导致中心区高度的功能活动和交通压力

从我国大城市的人口密度特征来看，总体上属于高密度、同心圆特征[1]。其中越是靠近中心区，人口密度就越高，呈现出以中心城区为中心，向外围快速减少。以上海为例，2000 年全市人口密度为 2588 人/km^2，在城市建成区 0～10km 范围内核心部分人口密度高达 2 万人/km^2，郊区人口有些地方只有 400～500 人/km^2。上海的人口空间分布整体上仍然是以人民广场为中心，向外蔓延，核心区的密度特别高，并且人口还维持着圈层式向外的集聚势头。以上海和东京的人口密度来比较，上海的人口在 0～10km 接近于内环线内的范围内高度集中，到了 10～20km 接近于内环外间的区间开始大幅降低，到了 20～30km 外环线之外的范围内则大幅减少至 1275 人/km^2，而东京的人口密度在 10～20km 以上的范围的人口密度显著高于上海，并且在 20～30km 的范围内开始大幅高于上海。同样的人口规模由于人口在 10km 的范围内高度集中，将导致核心区内高峰时刻客流高度集中，道路拥堵和交通运输压力巨大（见图 3-8）。

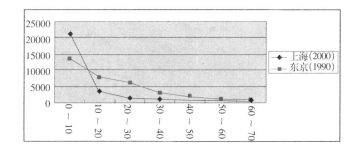

图 3-8　上海与东京的人口密度斜线比较

大城市的人口分布特征与交通有关，大城市的交通条件决定了居民可能的机动性水平，东京发达的地铁系统相应的是大比例的地铁通勤活动，而美国发达的高速公路系统和汽车产业鼓励了居民拥有和使用小汽车，居民的机动性水平相应的影响到居住空间分布。东京、巴黎等世界特大城市发展实践表明，正是由于快速公共交通，城市用地得以拓展，人口密度因而趋于在较大范围内均衡分布。从人口密度的变化斜线来看，东京相对平缓，而上海则很陡，这个与两个城市的轨道交通网络有关系。东京依托轨道交通人口点轴式对外扩散，大都市区域内均有轨道交通的服务，而上海目前的轨道交通长度较短，并且空间分布不平衡，主要位于中心城内环线内，区域内其他城镇缺少轨道交通覆盖。长期以来轨道交通不发达和非机动出行主导的交通方式

---

1 城市要素的空间分布可以用土地性质和建筑密度来表示不同类型土地的空间分布，也可以用城市化水平和人口密度来表示人口的空间分布，此处用人口密度来表示空间分布特征。

决定了中心城区的用地拓展难以突破距市中心 10km 的范围，因而中心城区人口密度居高不下，而郊区人口密度则相对较低（见表 3-6）。

上海与东京的人口密度比较　　　　　　　　　　　　　表 3-6

同心圈半径范围 (km)	上海市（2000）			东京都市圈（1990）		
	面积 (km²)	人口密度 (人/km²)	人口密度减少幅度	面积 (km²)	人口密度 (人/km²)	人口密度减少幅度
0 ~ 10	354	21492		598	13706	
10 ~ 20	806	3409	84.1%	490	8092	41.0%
20 ~ 30	1216	1275	62.6%	1267	6174	23.7%
30 ~ 40	1326	1158	9.2%	1674	3042	50.7%
40 ~ 50	1166	815	29.6%	2058	1979	34.9%
50 ~ 60	710	679	16.7%	1651	1058	46.5%
60 ~ 70	98	340	50%	2030	771	27.1%
可比范围内平均	5676			9768		
70 ~ 80				1739	825	
80 ~ 90				1442	825	
90 ~ 100				1328	1105	
100 ~ 110				1116	986	
110 ~ 120				2939	524	
平均	6340.5	2588		18329	2138	

　　在人口不断涌向大城市的背景下，假如按照目前的发展态势，仅靠道路网络建设，缺少大运量公交的引导，或者说轨道等大运量公交在整个城市的开发建设活动引导中不占优势，无法形成有效的快速交通走廊来引导向外发展，那么中心城区会不断地往外蔓延，最终将形成匀质、高密度、连绵的建成区，交通压力会制约城市发展（见图 3-9）。

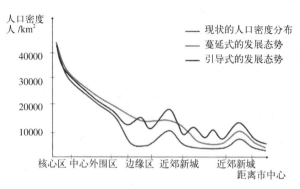

图 3-9　人口密度的空间分布

（2）居住郊区化形成的"外溢—反馈"加大中心城与郊区之间的钟摆压力

大城市人口绝对总量持续上升，人口增量在不同区域的增长比例并不均匀。一方面，中心城仍然是人口主要集中的地区。以上海为例，1995 ~ 2003 年间，上海中心城人口增加了 131 万，中心城以外的郊区增加了 166 万，大约有 44% 的人口增长仍然集中于中心城。从各层次的增长比例来看，内环之内的总人口减少了 16%，内外环之间增加了 63.32%（见表3-7）[1]。核心区内由于旧城更新和人口疏散，人口总量有少量降低，但是外环线内的人口仍保持较快速度增长。

1995 ~ 2003 年上海人口增长的空间分布　　　　表 3-7

空间范围		面积 (km²)	人口（万）		1995 ~ 2003 年		密度（万 /km²）	
			1995	2003	数量（万）	比例	1995	2003
浦西	内环之内	79	396	368	-28	-10.37%	5.01	4.66
	内外环之间	294	313	408	95	35.18%	1.06	1.39
浦东	内环之内	31	57	41	-16	-5.92%	1.84	1.32
	内外环之间	239	80	156	76	28.14%	0.33	0.65
郊区		5698	569	735	166	61.48%	0.10	0.13
合计		6341	1415	1708	293	100%	0.22	0.27

资料来源：2004年上海交通大调查。

另一方面，郊区的人口增量主要分布于靠近中心城的近郊区城镇，随距离增加而递减，人口增长与中心区距离之间有密切关系[2]。1995 ~ 2003 年间，外环线以外的地区增加了 61.48%。外环以外的人口从 1995 年的 40% 增加到 43%。从相关的统计数据可以看出，这些增加的人口仍然主要集中在中心城周边的近郊城镇，以上海嘉定和闵行两个近郊区的部分城镇为例，距离中心城 10 ~ 20km 范围、靠近外环线的梅陇、虹桥、七宝、华漕、颛桥、江桥、南翔、浦江等 7 个城镇人口密度在 3000 ~ 7000 人 /km²，总人口 112 万人，外来人口 62 万人，占总人口的 55%，占总外来人口的 69%。近郊区城镇成为吸纳大城市新增人口的主要载体（见表3-8）。

---

1 核心区人口密度降低是因为旧城区内可开发的存量土地不多，并且只有部分在开发的土地用于高强度的住房建设，所以相比边缘区和近郊区大规模的住房建设来说，中心区内的住房总量增加比例相对较少，加上城市居民收入提高，追求高质量的居住环境，人均居住面积增加，动迁居民外迁等因素，中心区的人口密度会有相对平缓的稳定或者下降。

2 虽然上海用外环线来界定中心城区与郊区，但是从空间上来看，人口的空间聚集已经突破外环线向外蔓延，外环线外侧的人口已经占到总人口较大的比重，这些人与中心城在就业、购物等方面存在密切的联系，而这一部分在规划、建设等方面是由郊区和城镇来管辖的，与中心城之间是脱钩的。

距市中心 (km)	乡镇	区属	交通网络	总人口 (人)	人口密度 (人/km²)	外来人口比例	外来就业人口占就业人数比例
10 ～ 15	梅陇	闵行	1 号线沿线	225839	7120	34.7%	81.9%
	虹桥	闵行	靠近外环	49152	5529	96.2%	53.6%
15 ～ 20	七宝	闵行	靠近外环	110711	5198	39.2%	64.4%
	华漕	闵行	靠近外环	200033	4320	74.0%	80.9%
	颛桥	闵行	5 号线沿线	115899	3560	62.5%	88.4%
	江桥	嘉定	沪宁高速沿线	146523	3448	66.6%	80.9%
	南翔	嘉定	沪嘉高速沿线	97463	2929	51.3%	58.2%
	浦江	闵行	靠近外环	176526	1731	45.9%	59.8%
20 ～ 25	马陆	嘉定	沪嘉高速沿线	121755	2130	58.5%	72.9%
	马桥	闵行		65701	1739	49.3%	61.1%
	吴泾	闵行		70055	1888	34.0%	42.8%
25 ～ 30	黄渡	嘉定	沪宁高速沿线	56801	1900	52.5%	56.6%
	徐行	嘉定	沪嘉高速沿线	72695	1817	57.1%	68.6%
30 ～ 35	安亭	嘉定	沪宁高速沿线	101050	1684	45.3%	39.5%
	外冈	嘉定		53062	1042	43.3%	20.5%
	华亭	嘉定		36180	915	32.0%	43.7%

数据来源：2005年上海郊区统计年鉴。

　　人口增量高度集中于中心城及其边缘城镇，体现出一种就近外溢的分布形式，这些不管是否位于鼓励增长的城镇的人口普遍、蔓延式的快速增加，与中心城形成类似于"摊大饼"的人口集聚模式。无序的人口外溢无法改变郊区城镇与中心城之间的功能联系，大量的人口居住空间外迁，但是就业活动都还是集中在中心城内，钟摆式交通造成高峰时刻出入中心城的主要通道拥堵不堪。

（3）轨道交通对于中心城的居住扩散和交通方式导向能力不足

不可否认，轨道交通建设对于中心城居住扩展和交通模式有明显的导向作用。在与城市中心相似的空间距离内，靠近轨道线和主要高速公路的地区的人口密度和外来人口比例相对较高，并且随着距离增加而递减。从上海中心城周边的城镇可以看出，靠近轨道交通1号线和沪嘉高速公路的莘庄、南桥等城镇的人口规模较大，特别是外来人口的规模较大，而不靠近交通干道的城镇、或者距离市中心较远的城镇则相对较小。交通干道对人口集聚的点轴式效应明显，并且随着与市中心空间距离的增长而递减。从近郊城镇地区的居住人口迁入以及当地的就业情况可以反映出轨道交通的影响。以地铁1号线沿线的梅陇和曹安公路沿线的江桥地区为例，梅陇地区优越的道路和轨道交通带动了产业和住房建设，外来人口虽然高达7.8万，只占到总居住人口的34.7%，反映出轨道交通发展带动了房地产开发和中心区居民购房迁入，而81.9%的就业人口比例则反映出本地的多数岗位为外来人口所从事，购房而来的居民大部分的工作不在梅陇。靠近曹安公路的江桥则又是另外一种情况，江桥房地产开发总量相对较少，外来人口占到总人口高达66.6%，占就业人口比例高达80.9%（见图3-10）。

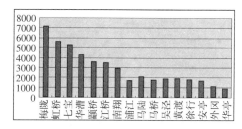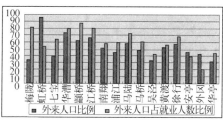

图 3-10   近郊区城镇外来人口密度和居住就业比例

与近郊区人口高度集聚相对应的是轨道沿线紧凑的空间布局和高强度的土地开发。上海轨道交通1号线沿线的淮海路、南京路沿线均是高层的商业办公大楼，旧城更新之后的住房也是强度很高，轨道交通3号线沿线的闸北区中远两湾城就是在原有的棚户区基础上建设，建筑密度和高度都很高，而保持原貌、功能改变的新天地则成为以高档消费为主的场所（见图3-11）。由于大量的就业岗位和服务设施位于中心城区，而缺少轨道交通服务的外围新城和副中心的建设滞后，导致大量的功能活动不断向中心区集聚，居住人口和功能活动在中心城高度集中，对于原来就不宽裕的道路和交通造成更大压力。

图 3-11　上海淮海路、中远两湾城和新天地等典型街道（区）

二、机动化进程与居民机动性特征

1. 机动化进程

伴随居民收入水平提高的是快速的机动化进程，摩托车、小汽车等私人机动化工具开始进入一般家庭。以上海为例，2004 年底机动车保有量为 84.2 万辆，较 2000 年增长 77.6%，其中小汽车 60.9 万辆，增幅 108%。2004 年小客车 50.2 万辆，同比增长 23%，电动自行车 187.6 万辆，同比增长 38%。机动车基本上每 5 年翻一番，特别是小客车和轻便车的增长速度很快（见图 3-12，图 3-13，表 3-9）。

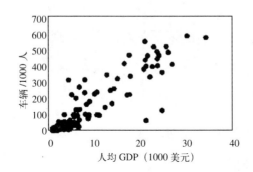

图 3-12　人均 GDP 与车辆拥有水平关系

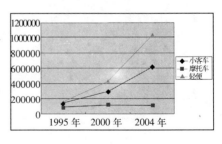

图 3-13　上海交通工具总数变化情况

上海市注册机动车分车种变化（辆）　　　表 3-9

年份	小客车	大客车	货车	汽车	摩托车	其他	轻便	合计
1995 年	149383	20006	119322	288711	84761	21196	160764	555431
2000 年	292153	28494	153400	474047	120613	27342	415671	1037673
2004 年	608888	34141	199033	842062	110741	38669	1024229	2015701

资料来源：上海市交通大调查成果简要稿2005。

机动车拥有率与家庭收入水平之间有密切的关系。中高收入的人群选择了购买小汽车，一部分中低收入的人群则购买轻便助动车[1]。收入水平的提高与可以预见未来汽车拥有量还将继续增加，城市道路交通压力还会更大。

2. 居民机动性特征

随着大城市社会经济发展、空间拓展和居民收入水平、机动化进程加快，居民的机动性普遍表现出出行次数增加、出行距离增加、机动车比例增加等特征。

（1）居民出行频率提高，非通勤出行的数量增加

通过北京、上海、广州等大城市的比较研究表明，城市的社会经济特征和地理环境是影响出行次数的主要因素。家庭人均收入高、拥有机动化私人交通工具以及生活在气候温和地区的居民，其平均出行次数通常要高些。居民收入水平提高，对出行次数增多的影响最为明显，居民出行次数随着生活水平的提高而增加（见表3-10）。

部分大城市居民出行次数比较   表 3-10

城市	上海		广州		杭州		福州		北京	
年份	1995	2004	1998	2005	1996	2000	1993	1999	2000	2004
次数	1.95	2.21	2.11	2.49	2	2.14	2.40	2.72	2.81	2.42

从居民的分布目的构成来看，整体趋势是通勤出行的比重下降，生活性出行比重提高。上班、上学的通勤出行占到比较大的比例，而居民购物、文化娱乐、社交及探亲访友等与私人生活等比例相对仍较低，随着收入水平增加，这一部分的比例有相应增加的趋势。以北京为例，在全部人员出行中，通勤上下班的比重为47.5%，相比2000年减少10.3%，而生活类出行比重达24.3%，较5年前增长7.9%（见表3-11）。这意味着城市居民除了工作之外，收入水平提高之后，开始参加更多的活动，这个与城市商业、文化、体育等活动内容丰富也有关系。

上海、北京居民出行目的构成比较   表 3-11

城市	年份	上班	上学	公务	生活	回家
北京	2000	22.69%	6.81%	3.59%	20.47%	46.44%
	2003	18.32%	6.40%	2.79%	24.50%	46.09%
上海	1995	51.6%	16.9%	3.5%	28%	
	2004	41.7%	13.9%	4.6%	39.8%	

---

[1] 上海虽然采取了牌照拍卖制度等，只是抑制了一部分的购买需求，仍很难抑制机动车购买和数量整体增加，有相当规模的家庭还选择在周边上牌成本较低的苏州、杭州等城市上牌，以上反映的数据还仅仅是上牌的车辆数据。

（2）出行距离增加，机动车比例提高

居民出行距离增加，出行方式机动化的趋势明显。以北京为例，北京居民平均每次出行距离由 2000 年的 8.0km 增加到 2005 年底的 9.3km，出行距离增加了 16.25%（见表 3-12）。说明城市空间扩展和居民活动空间分布变化，居民的出行距离增加。从出行方式来看，大城市交通出行中机动化比例增大成为趋势。由于自行车和步行的方式难以胜任长距离的出行，导致越来越多的居民出行采用机动化工具，而一些公共交通服务水平较低，居民会更加倾向于拥有和使用私有机动化工具。体现在居民出行方式构成变化就是步行和自行车等非机动化比例下降，而小汽车方式的出行比例增速最快。在大城市中，目前仅有上海、北京、广州等少数城市有轨道交通运营，且所占的比例仍较低。

国内大城市的交通出行方式构成比较 表 3-12

城市	调查年份	步行	自行车	小汽车、出租车、摩托车	公交	其他
上海	1995	36.5%	34.4%	1.5%	22.90%	4.7%
	2004	32.3%	20.6%	22.7%	24.4%	—
北京	1986	13.79%	50.28%	5%	27.1%	3.21%
	2000	43.13%	28.72%	9.01%	15.35%	1.48%
天津	1993	28.0%	60.5%	5.3%	4.1%	7.5%
	2000	35.17%	52.73%	1.19%	5.09%	5.82%
	2006	24.7%	47.6%	8.93%	16.32%	—
广州	1998	41.92%	21.47%	16.53%	17.51%	2.58%
	2005	34.0%	8.2%	29.1%	28.3%	0.3%
武汉	1993	—	59.7%	2%	32.7%	5.6%
	2003	30.6%	26.2%	20.6%	8.62%	—
苏州	1996	18.8%	63.72%	6.87%	4.3%	4.81%
	2000	27.72%	54.33%	9.45%	6.44%	0.33%

注：以上数据来自黄健中《1980年代以来我国特大城市居民出行特征分析》、马小毅《把握居民出行特征 科学决策城市交通——解析广州市廿年居民出行特征变化》、马克平《天津市居民出行特征分析与交通政策探讨》、周钱《城市居民出行特性比较分析》、曲大义《苏州市居民出行特征分析及交通发展对策研究》等。

（3）交通成本提高，低收入阶层出行能力减低

城市交通存在的问题是交通成本快速提高，一方面是交通费用成本的增加，另一方面则是由于居住地不断从中心城外迁，通勤距离增加，而造成的时间成本增加。上海居民交通支出比例从 1990 年的 2.99% 上升到 2005 年的 14.40%，住房支出从 4.65% 上升到 10.25%，交通和居住开支增加很快（见表 3-13）。居民住房和交通支出增加一方面反映出居民的收入水平提高之后，重点在改善居住条件和交通出行条件，居民有能力购买更好更大的住房，可以改善交通出行环境，比如说使用私人机动化工具，另一方面与住房制度和公交车制度改革有关，随着住房制度从原来计划经济时期的单位制住房分配到市场经济的商品房分配，居民需要在住房上面投入更多的钱，城市扩展带来的出行距离增加和乘车费用增加也是影响交通支出增加的原因。交通费用增加背后是大城市的机动化进程，城市居民从原来以自行车和步行为主的交通结构转向公共汽车和小汽车等机动化工具，以及出行距离和频率的增加，不可避免会带来交通支出增加。

上海各时期居民可支配收入与消费支出情况　　　　　表 3-13

年份	平均每人可支配收入		平均每人消费支出		其中，各项支出所占比例			
	数额	年增	数额	年增	食品支出	交通通讯	教育文化	居住
1980	637		553		56.07%	3.62%	8.86%	4.70%
1985	1075	13.75%	992	15.88%	52.13%	3.02%	9.18%	4.34%
1990	2182	20.60%	1937	19.05%	56.53%	2.99%	11.93%	4.65%
1995	7172	45.74%	5868	40.59%	53.36%	5.47%	8.66%	6.83%
2000	11718	12.68%	8868	10.22%	44.51%	8.56%	14.51%	8.95%
2005	18645	11.82%	13773	11.06%	35.87%	14.40%	16.50%	10.25%

资料来源：上海统计年鉴2007。

交通支出增加会给低收入阶层带来巨大压力。由于移动需求是生存与发展的基本条件，交通支出提高削弱低收入阶层的出行能力，会影响到低收入阶层的就业能力和生活状况改善。此外，轨道交通周边的住房高昂的价格对于低收入阶层也会形成排斥，低收入社区公共交通薄弱，可能会导致低收入人群无法享受城市公共投资带来的效益，这些都成为可持续交通必须考虑的问题。

三、可持续交通面临的难题

1. 交通供需关系

随着经济实力的加强和客货运输量的增长，大城市普遍加大交通投资，包括对老城区的道路网络的拓宽整理、新开发地区的建设以及联系周边城镇的交通基础设施投资，交通运输能力得到提高。以上海为例，1995～2004年期间道路、桥梁和轨道交通累计投资1256亿元，约占GDP总量的3%。道路与公路总里程增长120%；道路面积增长180%；道路网络通行能力增长200%（见图3-14，表3-14）。

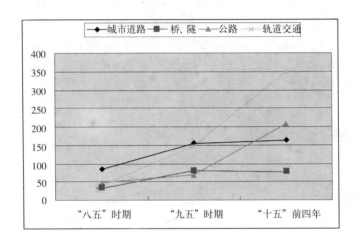

图 3-14 上海各时期各种交通投资趋势

上海各时期交通投资结构   表 3-14

类别	"八五"时期		"九五"时期		"十五"前四年	
	投资量	比例	投资量	比例	投资量	比例
城市道路	83.4亿	40.4%	156亿	34.7%	164.5亿	20.6%
桥、隧	31.6亿	15.3%	79.2亿	17.6%	77.25亿	9.7%
公路	48.4亿	23.5%	67.5亿	15%	209.2亿	26.1%
轨道交通	42.8亿	20.8%	147.3亿	32.7%	349.4亿	43.7%
合计	206.2亿	100%	450亿	100%	800.4亿	100%

资料来源：上海市交通大调查成果简要稿2005。

大城市轨道交通也进入快速发展的新时期。到目前为止，中国内地已有北京、上海、广州等10个城市建成轨道交通，共有20条线路投入运营，总长约474.5km；北京等3个特大城市正在建设中的线路有18条，总长

439.18km，此外，天津、重庆、沈阳、成都、南京、深圳、武汉等城市的地铁、轻轨新建或延长线路目前也正在建设之中，有的线路即将通车运营。当前各个城市 48 个百万人口以上的特大城市中，25 个城市的近中远期规划已经编制完成，总规划里程超过 5000km，总投资估算超过 8000 亿元[1]。轨道交通的建设将为大城市实现空间结构的转变和建构以公共交通为主导的交通模式提供契机。

由于城市经济增长和人口急剧增加导致交通需求增加，居民出行量、出行距离的乘数效应使得交通需求倍增，以上海为例，1995 ~ 2004 年居民出行总量从 2830 万人次上升到 2004 年的 4100 万人次，增加了 45%，居民出行距离增加了 53%，客车出行量增加了 233%，同期道路通行能力增加了 207%（见表 3-15）。城市交通部门虽然在扩大交通供给方面进行了种种努力，但仍难以满足出行需求总量的增加。在经过前期大规模的拓宽改造之后，道路网络能力的提高更多的来自郊区，中心城建成区可提升的空间不大，而功能活动却仍有向中心城集聚趋势，由此导致的矛盾就是中心城运输量高度集中，道路拥堵，公交车运行速度较慢。

1995 ~ 2004 年上海交通需求与交通供给比较   表 3-15

	指标	单位	1995 年	2004 年	增加比例
交通需求	居民出行量	万人次	2830	4100	45%
	居民出行距离	km/ 次	4.5	6.9	53.3%
	汽车出行量	万车次	150	500	233%
	客车平均每次出行距离	km	19.4	20	3%
	客车平均每车载客数	人	6.4	3.1	-51.6%
交通供给	道路网络通行能力	万 PCUkm/h	456	1402	207.5%
	道路长度	km	5420	11825	118.2%
	道路面积	万 m²	7400	20558	177.8%
	轨道交通车站	个	13	68	423%
	轨道交通客运量	万人次	23	131	470%
	公交客位数	万	92.2	121.1	31%
	公共汽车客运量	万人次	865	771	-10.9%

资料来源：上海市交通大调查成果简要稿 2005。

---

1 俞展猷. 中国城市轨道交通建设发展纪实 [J]. 现代城市轨道交通 .2006，(2)：1-3.

以道路为主的空间拓展模式在刺激更多私人机动车使用。长期以来，城市交通建设主要集中在扩充道路扩大道路容量上，城市空间扩展主要依靠道路而不是轨道交通。在道路建设中，往往只注重提高机动车道的通行能力，忽视公共交通线路和车站的统筹安排及合理布置，忽视自行车交通和步行交通建设，蔓延式的扩展拓展模式刺激了私人小汽车的需求增长，刺激了机动车拥有和使用的迅速增长，导致交通不可持续发展。

2. 可持续发展面临难题

（1）交通运输能力增长难以跟上倍增的客货运输量

经济快速增长导致劳动力需求和城市总人口急剧增加，同时又促使城市居民出行率提高，客货运输总量会随着经济的扩张而成倍增加。处于快速发展时期的大城市交通需求正在爆炸式增长，客货运输总量增加，交通结构也更加多样化，而这些是社会经济发展综合作用的结果。交通也"从蜂巢城市到大流量城市，从近距离城市到空间暴涨城市，从慢速城市到快速城市，从普通设施到基础设施"[1]。受财政实力的制约，城市交通投资无法通过道路建设来满足个体的增长需求。

（2）居住郊区化和就业岗位分化加大中心城交通压力和居民通勤距离

居住人口从中心区外溢，而快速增加的服务业岗位集中在中心区，导致了中心区的交通需求居高不下，中心区的通勤范围向外围区、郊区逐步扩散，早晚高峰潮汐式交通越趋明显，通往中心区的主要交通干道的交通流量和压力会越来越大。社会经济"大都市区化"背景下的空间结构演变过程是影响交通模式变化的内在动力，需要有相应的策略应对。

（3）蔓延式空间增长模式诱使小汽车为主导的交通模式与高能耗

大都市区空间的蔓延式拓展使得各种活动的空间距离增加，不可避免的会促使居民使用机动化工具，而收入水平提高则会鼓励购买和使用私人机动车，假如大城市没有加大公交投入和适当控制私人小汽车的拥有和使用，结果将是个体机动化出行方式显著提高，道路交通需求大幅度上升。缺少控制的发展模式会造成小汽车的大量使用和能源消耗，不利于城市的可持续发展（见图3-15）。

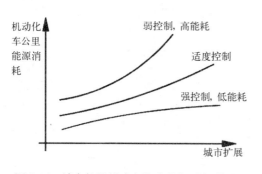

图3-15　城市扩展模式与汽车能源消耗的关系

（4）弱势群体的机动性和生活环境难以得到改善

以道路交通为主导的基础设施建设和开发活动容易导致社会不公平，部分高收入和强势群体可以享受公共财政投资

1 潘海啸，荷布瓦. 城市机动性与可持续发展 [M]. 北京：中国建筑工业出版社，2006：30-34.

的基础设施带来的效益，而弱势群体的利益却无法得到保障。低水平的机动性还会影响到这个群体的生活质量改善。

从以上的分析可以看到，社会经济发展背景下的空间结构演变是造成交通需求增加的重要根源，交通与土地利用脱节是导致不可持续模式的主要原因。在大都市区发展趋势下，道路交通建设对于大都市区的空间拓展，提供交通联系具有重要意义，不过仅仅考虑小汽车的出行需要，单纯依靠增加道路交通供给是无法满足城市的交通矛盾的，需要转变思路，从空间结构的活动关系出发，以空间规划来引导土地利用布局和交通需求，从根本上解决交通问题。

第四章　大都市区空间规划与交通战略

在城市化和工业化高速发展的背景下，人口和产业集聚需要大量的开发活动和土地耗用，空间增长对中国大城市的交通发展形成前所未有的挑战。空间规划被认为是引导大都市区空间增长和促进可持续交通的主要手段。那么，到底什么类型的空间增长模式才是有效的？大城市空间规划的那些战略措施是否奏效？本章先从不同的空间增长模式的交通需求进行比较，进而分析国内案例城市的空间规划实践，再进一步从国外大都市区规划的案例中借鉴经验。

一、不同空间增长模式的交通需求比较

1. 大都市区的空间结构类型

阿兰·贝尔托德认为，区域层面的空间模式一般包括以下四种类型：同心圆式、蔓延式、圈层式、走廊式，不同的空间结构对应于不同的空间扩展和交通模式（见图4-1）：

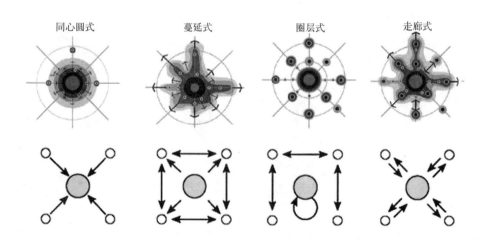

图4-1　城市空间结构类型

"同心圆"的城市有一个劳动力高度集中的商务中心，城市居民居住在中心之外，从边缘到达中心有放射状道路或者轨道，居民通勤到市中心的交通流呈放射状，即早上有一个指向中心的上班交通流量高峰，晚上有一个自中心向外的下班交通流量高峰。到CBD的距离越短，那么土地的价格越高。

开发密度在土地市场的驱动下，从城市中心向外开发密度递减。

"蔓延式"的多中心城市吸引着来自城市各处的居民，出行呈现出分散的 OD，出行距离会比单中心更长。城市中一个给定位置的地价，与到达所有中心的出行距离成正比。这种模式一般是小汽车拥有率比较高的美国城市比较普遍，比如说洛杉矶和亚特兰大。当城市有多个就业中心，城市居民理论上可以通勤到其中任何一个就业中心，这些就业次中心规模没有太大的区别，城市交通呈现随机性。这些城市就业次中心理论上都可能从城市任何一个角落吸引一定规模的交通流量。当所有的多中心节点和非中心区域的就业强度的差别太小或不够显著的时候，这种模式就变成无中心模式，交通流在空间上的分布呈现完全的随机性。

"圈层式"的多中心城市在中心区之外还存在多个活动中心，居民以就近活动为主，类似于卫星城模式，如汉城和上海的规划方案。"走廊式"的大都市区模式有一个相对强大的城市中心，这个中心之外有多个相对小的"次中心"，交通流量的空间分布为互换的关系，中心城的居民到外围中心通勤，而外围的居民到市中心通勤，比如哥本哈根、斯德哥尔摩等。单中心的同心圆模式和多中心的蔓延模式代表缺少控制的发展模式，圈层式和走廊式代表着有严格控制和轨道交通支撑的多中心模式。在大都市区多中心化的背景下，原来单中心的同心圆模式假如缺少控制，很容易就会走向多中心的蔓延模式。

从以上的模式来看，空间结构模式作为未来城市空间发展设定的一种理想模式，是迎合社会经济发展需要而搭建的空间框架，空间结构既是一种目标也是一种手段。空间规划基于一定的理论、目标和结构体系来安排增长空间路径，增长思路、目标选择会影响到结构体系和联系方式的选择。空间模式是交通选择的基础，空间模式的实现也需要交通模式来支撑，选择空间结构模式意味着对现有空间结构的延续或者改变，与此对应的是交通模式的转变。假如空间规划所选择的空间结构模式无法实现，也就意味着交通模式难以得到实现。大都市区空间规划选择空间结构的时候，也需要明确所对应的交通模式。可持续发展交通模式的实现与选择可持续的空间结构、空间规划战略密不可分。

2. 空间增长与交通需求比较

在高速公路和轨道交通的支撑下，居住空间可以分布在中心城外围，中心城与外围地区的通勤活动和交通方式非常突出，如何在满足空间增长需求的同时，减少中心城与郊区之间的出行量和车公里数，是可持续交通关注的重点。以下比较大都市区选择不同的空间增长模式下中心城与外围郊区的交通需求关系。

假设大都市区处于快速发展时期，人口和就业岗位会快速增加，交通联系条件改善，区域间的通勤比例增加。中心城区、近郊区和远郊区均有就业岗位，中心城区和外围地区对外的通勤比例相当，以下比较不同的空间增长模式带来人口和机动车出行需求（见图4-2）。大都市区可分为A—中心城区（r=0～10km）、B—近郊区（r=10～30km）、C—远郊区（r=30～50km）三个空间层次，人口增长分为蔓延式、圈层式、走廊式三种方式，蔓延式主要集中在中心城和边缘区；圈层式严格限制中心城的人口比例，增加近郊区和远郊区的比例；走廊式的中心区人口适当增加，增长空间主要位于主要交通走廊上的连续节点。

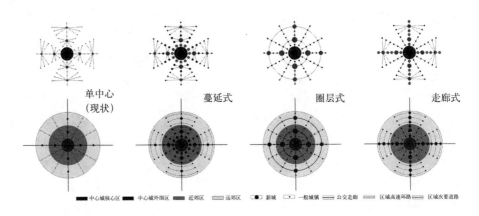

图4-2 大都市区空间增长模式与中心体系

假设大都市区域内现状人口规模为1000万人，就业人口占到600万，其中50%位于中心城区，30%位于近郊区，20%位于远郊区。规划人口要增长到1500万人，就业人口900万，蔓延式的增长方式主要集中在中心城和近郊区，比例从80%提高到85%；圈层式的增长方式依托新城，主要集中在近郊区和远郊区，近郊区和远郊区比例从增加50%提高到60%；走廊式增长方式依托走廊上的节点，主要集中在近郊区，从30%提高到35%，中心区从50%降低到45%[1]。同样是900万的人口增长目标，在不同的空间结构体系下，距离市中心不同的空间层次，所占的比例不同。现状居民城镇间出行比例为15%，单向通勤出行为90万人次，规划出行比例提高为30%，那么单向通勤出行为270万人次，是原来的3倍（见表4-1）。从不同空间增长模式的出行人数比较可以看出，居民通勤出行量的增长是人口增长倍数和出行比例增长倍数的乘数，在人口和出行比例都成倍增加的情况下，出行量增长的倍数效应很大，出行量大小取决于不同空间层次人口分布和出行比例。人

---

1 以上的假设参考了上海、深圳等特大型城市的情况，人口规模增长数值取值相对简单化，主要目的是为了显示不同参数变化对于交通需求的影响。

口空间分布与增长方式有关，出行比例与居住就业平衡有关，居住就业平衡低，那么城镇间的出行比例就高。

不同空间增长模式的就业人口分布 表 4-1

	现状		蔓延式		圈层式		走廊式	
	比例	人口	比例	人口	比例	人口	比例	人口
A	50%	300	60%	540	40%	360	45%	405
B	30%	180	25%	225	35%	315	35%	315
C	20%	120	15%	135	25%	225	20%	180
合计	100%	600	100%	900	100%	900	100%	900
长距离出行人数	15%	90	30%	270	30%	270	30%	270

与交通出行量相关的是出行空间分布，不同圈层之间的出行比例与空间距离成反比，空间距离增加，那么占全部出行的比例就小。而不同的空间增长方式，会影响到高峰时刻对向人流的比重。从不同的增长方式来看，蔓延式的增长方式容易导致中心城的规模过大，会引起交通出行的不均衡分布。圈层式的中心区规模最小，所以可以较好地平衡出行流量（见表4-2）[1]。

随着大都市区规模的扩大，居民的平均出行距离增加，而不同的增长方式相应的平均距离、交通方式会有差异。蔓延式的增长方式最为靠近城市，平均距离最短，而公共交通的比例最低，小汽车的比例最高；圈层式的增长方式距离最长，走廊式的方式距离居中。从下表可以看出，随着人口增长，公交车的出行量增加不大，圈层式的增长比例相对较多，而蔓延式的方式鼓励小汽车出行，公交量增加最少；圈层式和走廊式的轨道交通增加最多，从原来一条轨道线需要增加到10条以上。蔓延式的小汽车出行量增长最多，其次为圈层式，再次为走廊式。从以上的分析可以看出，代表能源耗用的车公里数与出行人数、平均出行距离、小汽车出行比例、小汽车搭客数有关，其中，出行人数与大都市区人口数量和出行比例有关，平均出行距离与就业地点与居住空间的分布有关，小汽车出行比例与道路和公共交通条件有关（见表4-3）。

---

1 高峰时刻的人流出行比例可用来评价交通设施运行效率，与人口空间分布和就业岗位空间分布密切相关。以圈层式增长方式为例，假如中心城和外围新城均有就业岗位，新城有一部分的居民在中心城就业，中心城有部分居民在新城就业，那么对向的交通流量就会比较均衡。交通流量的平衡会影响到交通基础设施的使用情况，特别是对轨道交通的影响最为明显。大都市中心城和外围地区之间普遍存在潮汐式的通勤模式，区别就在于潮汐的程度也就是交通流量的平衡状况，而这个与交通走廊沿线的就业中心分布和外围居住空间的分布有关。

	现状（600 万）		规划（900 万）					
			蔓延式		圈层式		走廊式	
	比例	人口	比例	人口	比例	人口	比例	人口
A-B	10%	30	20%	108	20%	72	20%	81
A-C	5%	15	10%	54	10%	36	10%	40.5
B-C	5%	9	10%	22.5	10%	31.5	10%	31.5
B-A	10%	18	20%	45	20%	63	20%	63
C-A	5%	6	10%	13.5	10%	22.5	10%	18
C-B	10%	12	20%	27	20%	45	20%	36
合计		90		270		270		270
A-B-C		54		184.5		139.5		153
C-B-A		36		85.5		130.5		117
进出比		1：0.67		1：0.46		1：0.94		1：0.75

	现状		蔓延式		圈层式		走廊式	
	标准	数量	标准	数量	标准	数量	标准	数量
出行人数		90 万	30%	270 万	30%	270 万	30%	270 万
平均距离	10km		12km		20km		15km	
小汽车	20%	18 万人	70%	189 万人	30%	81 万人	30%	81 万人
轨道交通	5%	4.5 万人	10%	27 万人	50%	135 万人	50%	135 万人
公交	75%	67.5 万人	20%	54 万人	20%	54 万人	20%	54 万人
小汽车	2 人/车	90 万 km	2 人/车	1134	2 人/车	810	2 人/车	607.5
公交车	30 人/车	22.5 万 km	30 人/车	21.6	30 人/车	36	30 人/车	27

车公里数 = 出行人数 × 小汽车出行比例 × 平均出行距离 / 小汽车搭客数

以上简单分析可以看出，不同的空间增长模式下，城镇间通勤出行量、机动车出行与人口出行总量、出行比例的差异明显，空间增长模式选择会相应地影响到出行模式。以上几种简单的比较显示不同的变量对交通模式的明显影响，不过落实到具体城市，还需要深入地比较不同发展历程中空间规划实践及其对交通模式带来的影响。

二、国内大都市区空间规划实践分析

1. 大都市区空间结构模式

中国大城市空间规划实践从近代上海大都市计划开始，再到建国之后备受关注的北京总体规划，以及近年来的深圳总体规划和苏州总体规划，空间增长和交通模式始终是关注的焦点。典型的空间增长模式大致可以分为以上海、北京等特大城市为代表的圈层式模式和以深圳、苏州等为代表的走廊式模式（见图4-3）。以上海城市总体规划（2001～2020年）为代表的圈层式模式，采用大伦敦规划的卫星城的区域理念和环状加放射结构、环城绿带的"田园城市"模式，中心城以外环线为界，设定严格控制的绿环，依托郊县城区重点建设新城。以深圳为代表的走廊式模式，采用"有机疏散"和"集合单元"理论构建组团式渐进外推的模式。深圳从1986年总规确定的组团式结构，从老城罗湖区分阶段向西发展福田区和南山区，保证城市的快速发展阶段能够具有足够的弹性和适应性。深圳中心区组团之间依托东西向的几条主干道，与外围的宝安和龙岗区依靠发射性的高快速路。大城市发展的历程也是空间规划不断调整适应的过程，不论是上海、北京等传统意义的中心城市或者深圳、苏州等新兴城市，同样面临着人口和产业急剧扩展的历程，即便像深圳这个被认为最具有弹性的组团城市，也是在不断的检讨中调整。

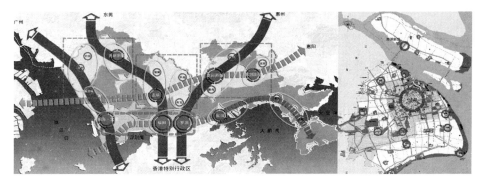

图4-3 上海与深圳空间结构比较

不管是法定的总体规划或者非法定的战略规划（概念规划），理想化的空间规划的目标是为了解决空间结构和交通模式问题，都不可避免地涉及对大城市及其所在的区域的人口、产业发展的考虑以及采用的空间增长模式，以及支撑区域空间布局规划的交通支撑体系。但是需要探讨的是，空间结构制定目标及其交通体系是否可以实现？人口和产业的疏散是否可以实现？假设空间规划中的住房、中心区的建设完全或者部分不能实现，那么原定的空间模式是否还是能够可行的？空间规划的失效对可持续交通有什么影响？

2. 空间规划实践的问题及其对交通的影响

大都市区空间规划制定的空间战略包括多中心、人口疏散、规模控制等，相应地会采用新城开发、旧城开发等开发活动以及户口、土地政策来配合实施（见表4-4）。多中心、人口疏散等战略的实施，与下一层次的开发活动和政策支撑是分不开的。各个城市虽然制定了类似的战略目标，但是相应的开发建设活动和政策的差异，大都市区的发展差异还是很大的。

大都市区空间战略与相关建设、政策　　　　　　　表 4-4

空间战略	开发建设	政策
● 多中心结构 ● 人口疏散 ● 产业升级 ● 有机疏散 ● 空间增长边界	● 住房发展 ● CBD、中心区、副中心建设 ● 卫星城建设 ● 旧城更新 ● 产业园区建设	● 住房政策 ● 户口政策 ● 交通政策 ● 土地政策 ● 财政政策

由于大都市区空间规划是一个动态和连续的过程，这也就意味着空间规划的实施也会存在目标与现实不完全相符的问题，相应地会对交通发展产生深刻影响。以下归纳大都市区几个主要的空间战略实施中的问题及其影响。

（1）发展规模失控，交通整体供给难以应对增长需求

大都市区空间规划是基于社会经济发展的需求，来安排区域内土地的总量分布和结构安排，发展规模是空间规划的前提，受制于前瞻性与政策性，在规划编制过程中也是最难说清楚，更难准确预测的问题。以上海为例，2001 年版的总体规划确定 2010 年的常住人口为 1500 万，2005 年已经达到 1778 万，已经远远高于 2020 年设定的目标。1996 年版深圳设定 2010 年的常住人口 430 万人，2005 年实际人口规模 827 万人。与人口密切相关的建设用地也出现较大偏差，2001 年版上海总规确定 2020 年建设用地 1500km^2，2005 年实际建设规模达到 1843km^2，1996 年版深圳总规确定 2010 年建设用地规模 480km^2，而 2005 年实际规模 703km^2（见表4-5）。对于空间增长需求估计远远不足，原来设定的空间布局模式和交通运输能力肯定无法适应。人口规模的不确定性对于交通发展的影响还没有引起充分重视。实质上交通基础设施是否能够支撑城市发展，关键是对于城市社会经济增长的把握，人口预测相对实际增长过低会导致城市交通投资滞后，反之则会导致交通基础设施过度超前和浪费。大城市规模增长的不确定性需要空间结构具有一定的弹性，要以交通来为空间增长预留适当的发展用地。

上海人口与用地规模比较   表 4-5

		2000 年	2005 年	2010 年	2020 年
常住 人口 （万人）	实际情况	1608	1778		
	2001 年版总体规划		1470	1500	1600
	2006 年版近期规划			1900（2100～2200）	
建设 用地 （km²）	实际情况		1843		
	2001 年版总体规划				1500
	2006 年版近期规划			2160	

资料来源：上海城市总体规划（1999-2020），上海市城市近期建设规划（2006-2010）。

（2）空间增长边界失效，蔓延式发展导致私人机动车大量使用

大都市区空间规划对于土地需求的估计不足并且缺乏弹性，导致在短时间内消耗了长期规划控制的用地，空间增长边界形同虚设。各级政府部门为了招商引资和提高 GDP，土地缺乏控制，跳出空间规划控制的范围。由于规划缺乏弹性，就导致城市开发活动超过空间增长边界，进而迫使规划方案在短时间内不断修改。以上海为例，中心城区由于良好的居住生活条件，靠近中心城的土地开发最为旺盛，从中心区向外快速蔓延，绿地被大量蚕食，使得中心城市向外"摊大饼"式蔓延，外围"绿环"、"绿楔"等生态控制区丧失，中心城区与郊区空间上基本上连成一片，圈层式结构严格限定的外环线无法适应社会经济发展的需要（见图 4-4）。深圳和苏州以组团城区的模式向外推进，在城市开发中保持较大规模，取得了较好成果，外围也面临着零散开发的情况。

图 4-4   上海城市总体规划（2001-2020）和上海近期建设规划（2006-2010）

突破空间增长边界的外围蔓延地区，由于缺乏便捷的公交和服务设施，使得居民的工作和购物等活动都高度依赖中心区，居民大量地使用私人机动化工具。不过，目前大都市区外围的产业园区相当部分的就业岗位是由外来

民工就业，这一部分人是在周边租房或者居住在厂区宿舍，可以通过自行车和步行通勤，一部分企业也为在中心城居住的职工提供单位班车，所以还不会导致过度的机动化。

（3）卫星城建设滞后，导致交通出行高度集中于中心城

大都市区最重要的空间战略就是通过卫星城建设，来疏导中心城的人口和产业，但实际上，滞后的卫星城的建设没有减缓中心城区的人口增长速度，反倒是创造出更多的就业岗位，吸引了更多的人口流入。建设卫星城的主要目的就是为了疏散不断集聚的人口和产业，由于缺少交通支撑体系，郊区卫星城发展滞后，是大都市区空间战略无法实现的重要原因。上海历次规划将疏散作为主要的规划指导思想，以此进行了多轮卫星城的建设和规划。从开始提出卫星镇到两代卫星城的建设和发展，都贯彻了人口与产业向外疏解的思想。2001年总规之后，上海还提出"一城九镇"和"1966"等概念，积极地推进不均衡的新城。但实际上，其实施并未达到规划所设想的目标，中心城区的人口增长速度快于卫星城，依然体现出极强的向心集聚趋势。事实上，在快速的增长过程中，上海实际的人口分布也在按照均衡的圈层结构向外蔓延。原来设想通过"绿环"和"卫星城"建设来疏散人口和产业的目标，由于市域大交通建设的滞后和不完善，导致郊区城镇发展最终未能达到预期目的，加上规划战略目标缺乏可持续性，缺乏强有力的产业和交通支持，及受到经济发展水平的限制等，导致城市发展规划与实践的脱节[1]。大城市的卫星城通常与中心城有较远的距离，但是联系中心城与卫星城的交通方式以道路为主，缺少轨道交通和快速公交，因为大量的就业岗位还是位于中心城，所以减少了中低收入阶层到卫星城居住的可能性。在上海的近郊区闵行由于有轨道交通与市中心联系，所以郊区的发展非常快，对于人口的疏散起到了很好的作用，而其他没有轨道交通的区域则就没那么明显。

（4）城市中心之间缺少交通联系，多中心结构难以实现

大都市区规划普遍强调多中心结构，以求减低单中心模式带来的交通拥堵。但是城市中心之间缺少有效的联系，也会导致居民长距离出行。以上海为例，中心城与新城均规划了城市中心，但是彼此之间是缺少边界的轨道交通联系的，即使在中心城区内，中心区与副中心之间的联系也不够。潘海啸等根据2004年6月《上海市中心城区分区规划—中心城》中所确定的城市市级中心、地区中心以及社区中心的范围，市级中心15个，地区中心26个，社区中心为79个。结合2020规划轨道交通系统与各级城市公共活动中心系统可见，城市市级中心都有500m范围内的轨道交通站点结合设置，但42%的地区中心和37%的社区中心的500m范围内没有轨道交通（见表4-6）[2]。现

1 叶贵勋，等. 上海城市空间发展战略研究 [M]. 北京：中国建筑工业出版社，2003：14-20.
2 潘海啸，任春洋. 轨道交通与城市公共活动中心体系的空间耦合关系 [J]. 城市规划学刊，2005，(4)：76-82.

状已经有很多的中心在建设，包括五角场副中心和即将建设的真如副中心，而轨道交通的建设仍然没有能够覆盖到这些中心区域，并且在中心城区外围的郊区，也有自成体系的中心网络。大都市区不同空间层面的中心体系之间缺少很好的衔接，会影响到居民到达中心的便捷性，也会鼓励居民采用私有机动车模式。大都市区多中心是建立在活动中心可以与外围地区之间有边界的联系，不仅仅是市级、地区级之间有联系，还需要与社区级中心联系起来，因为社区级是居民搭乘轨道交通和公共交通的节点，这些联系出现脱节将影响到这些社区级中心周边居民的机动性。

城市中心体系与轨道交通网络的耦合 表 4-6

分区	城市建设用地	轨道交通 500m 范围站点服务面积	服务率	无轨道交通 500m 范围内服务城市中心		
				市级	地区级	社区级
中央分区	109km²	67km²	61.1%	0(11)	2(7)	5(24)
北分区	127km²	34km²	26.6%	0(2)	1(4)	6(16)
南分区	66km²	20km²	29.9%	0(0)	4(6)	4(7)
西分区	95km²	34km²	36.3%	0(2)	1(1)	8(18)
东北分区	108km²	18km²	17.1%	0(0)	1(3)	4(6)
东南分区	125km²	22km²	17.2%	0(0)	2(5)	2(8)
中心城区	630km²	195km²	30.9%	0(15)	11(26)	29(79)
平均（%）	—	—	—	0	42%	37%

（5）功能开发不当，导致居民长距离出行

城市的居住、产业功能开发是吸引居民生活和就业的主要载体，由于功能布局与实际开发之间存在的差异，也导致了居民的长距离出行。首先是外围工业园区的零散开发。各级政府在郊区设了很多工业园区，这些园区积聚了大量的投资和就业人口，在空间上的分布比较零散。以上海为例，40%的工业企业分布在浦东、闵行、嘉定地区等邻近中心城区的区域，松江、宝山、青浦、南汇、奉贤等区所拥有的工业企业占上海全部工业企业的比例都在 60%以上；中心城区拥有工业比例都不足 1%。工业的发展带来就业人口的增加，呈现出分散的分布格局。由于这些园区与中心城之间缺乏有效的快速公交联系，为工业园区的企业吸引职工就业也带来了问题。不少劳动密集型企业都需要为职工建设宿舍楼，相当大部分的管理人员则住在中心城，依靠单位班车来通勤，高收入阶层则使用小汽车。

其次是老城区旧城更新活动缺少协调。中心城内原有大量的危旧房屋和工业厂房在房地产市场的推动下面临改造，破旧社区改建和工厂置换改造后被用于高密度开发的住宅和商业办公，大部分的建设活动和政府投资还是位于中心城，外迁居民主要的就业和活动空间还是在中心城。以上海的动拆迁安置基地——三林地区为例，黄浦、卢湾等区的部分居民由于土地批租、道路拓宽和市政动迁等因素外迁到中心城边缘，由于住房建设缺少区域性统筹和完善的配套服务，住房供应与就业、服务设施、交通之间的脱节，居民外迁之后需要长距离通勤。

（6）交通走廊缺失，城乡二元阻碍交通一体化

中心城的集聚发展与区域性的快速公交走廊缺位有关。由于快速公交走廊的缺位使得城市的扩展仍然是以中心城为中心向外的圈层式蔓延为主，路网过于均衡，无法根据规划意图很好地引导居民空间扩散和出行。造成这一现象的主要原因同样是交通导向与空间理想之间的错位。以积极发展高速公路为主体的公路交通导向与空间战略的背离，造成中心城与卫星城之间没有有效的基础设施以扭转卫星城与中心城之间的空间几何级配，打破卫星城与中心城的时间隔离。同时，中心城的交通拥挤没有给郊区卫星城创造好的发展机遇，反而影响了卫星城的发展。最终导致了中心城区圈层式蔓延。上海、北京等大城市过去十几年相继建设和开通了通往郊区各主要卫星城镇的高速公路，与郊区的高速公路连接更加剧了中心区对于外围城镇的吸引力，中心区、郊区之间的就业、购物等联系日益密切，但是没有能够依托高速公路形成快速公共交通，轨道交通也基本上集中在中心城或者边缘区。区域性交通基础设施的失调影响到卫星城目标的实现和中心城外围土地的零散开发。第一条联系卫星城和边缘区的轨道交通5号线在2004年11月份才开通，其他的新城仍在建设中，轨道交通和全域性快速公交的缺失使得靠近中心城的外围地区由于较高的可达性而成为最受开发活动欢迎的地带，而同期联系各个郊区的高快速公路已经基本成网，方格状的道路网特征使得土地开发零散的特征非常明显，缺少方向性。大城市空间发展离不开交通的支撑，而交通部门假如无法为空间提供保障，那么就很难保证空间增长的整体目标，也无法实现可持续的交通模式。比如说在20世纪90年代以来杭州、苏州、无锡等大城市经历人口和产业的快速聚集的过程中，大城市在短时间内快速增长，与此同时，轨道交通的建设姗姗来迟，BRT的建设也还在计划中，交通建设是滞后于城市发展的，相应带来的是居民的长距离出行和机动化比例的提高。

城乡二元体制导致交通体系无法在大都市区域内提供一体化服务。我国存在的城乡二元体制与区县行政管理体制的分隔，使得大都市区的交通体系无法一体化，大量的人口聚集在中心城边缘，这些人每天都来往于市中心，这些地区虽然在空间上已经和中心城连为一体，但是由于不在中心城的公交服务范围之内，公交的站点和线路覆盖率比较低，居民采用私人机动车出行较高。

长期以来城市试图建设相当规模的新城，以疏散过于集中的中心城，然而多中心、多轴的空间结构没法实现，容易导致居民日常生活对小汽车的过分依赖，将会带来交通的高能耗和对环境的高污染。

城市交通问题来自于区域性土地的无序扩张，与城市规划调控不充分有关。大都市区空间规划多数借鉴了大伦敦规划的圈层式模式或者大赫尔辛基的走廊式模式，将开发活动严格限制在新城或者发展走廊中，希望能够达到形成依靠轨道交通联系的多中心、多核心的空间结构，缩短出行的距离，减少小汽车的使用，但是，从上海、广州等城市案例可以看到，空间规划的实施的过程中缺少交通支撑条件会影响到空间规划目标的实现。由于缺乏土地开发的控制和轨道交通建设的迟缓，实际的增长多依托于公路道路网络，所以形成了散布的区域城镇空间布局方式，而这样的结构下的出行更多的是小汽车的方式，从而使得出行紊乱无序地散布在整个区域空间内。在这样的无序出行已形成的前提下，要想再将出行归并到有序的多中心出行，将是一件非常困难与艰巨的任务。大都市区层面的战略规划、空间规划的目的就是为了弥补以前传统的规划模式对于"城市疏解"的忽略，但是缺少交通条件支撑的"过度疏解"，也将带来很多问题。

三、国外大都市区空间规划案例借鉴与启示

彼得·卡特洛普（Peter Catthorope）认为，社会经济的发展将城市、市镇、郊区融合成崭新的但却秩序混乱的大都市区域，并且已经成为当代社会的基础经济单元，诸如城市衰退、工作机会减少、城区蔓延、道路拥堵等问题，都需要区域整体性的解决方案，政府运作、政策、规划和经济战略必须反映这一新的现实[1]。在新的发展条件下，只有协调大都市区整体的空间结构和次区域的开发活动，才能更好地促进交通可持续发展。在国外最新的大都市区规划中，都同样面对着空间结构和交通可持续发展的问题，有一些经验值得我们借鉴。针对国内大都市区发展的态势，以下选择哥本哈根和芝加哥为案例，提供一些经验借鉴。

1. 国外大都市区规划案例

（1）哥本哈根地区规划

哥本哈根是丹麦的商业、工业和文化中心，以一个强有力的区域土地发展规划将轨道交通系统与按照总体规划发展的郊区有效整合起来，形成一个覆盖面广泛的轨道交通网络及其配套支线公交组成的公交系统所支撑的城市发展模式。半个世纪以来的哥本哈根手指形的区域规划明确地包含协调用地和交通规划的原则，内容不断地扩展完善，成为区域内其他规划的指路明灯[2]。

---

1 新都市主义协会. 新都市主义宪章 [M]. 杨北帆，张萍，郭莹，译. 天津：科学技术出版社，2004：15-21.
2 罗伯特·瑟夫洛. 公交都市 [M]. 宇恒可持续交通研究中心，译. 北京：中国建筑工业出版社，2007：95-113.

哥本哈根作为国际上大都市区规划的成功案例，有以下几点是值得借鉴的：

经验一：根据发展态势不断调整指状规划

1947年版的指状规划提出了指状的单中心城镇结构，城镇间联系从原来的电车转变到轨道，住房建设沿着轨道建设和位于站点1km的范围内，保持城镇手指间的绿楔；1960年版的概要规划提出国家对区域内城市、农村、度假区等用地强制性控制，鼓励面向西南的开发，禁止北部的开发；1973年版的区域规划面对小汽车拥有量和出行量的爆炸性增长，提出了环状的多中心结构，建设12万新住房和4个区域性就业次中心；1985年版的区域规划回到指状城市结构，基于现有的城镇和基础设施，指定一部分的新城镇面积，引入站点周边布置紧凑功能的原则；2005年版的区域规划提出要建立一个整合的城镇、交通和农村地区的结构；在指状结构中强化绿楔并增加4个绿环；2007年版的区域规划将都市区界定为中心城区域、指状城镇、绿楔、其他区域等4种可能规划的区划，规定中心城和指状城镇是区域性增长的主要载体，其他区域的增长都是地方性的并且位于市政中心，绿楔不能转为城市区域或者用于休闲设施（见图4-5）。从哥本哈根空间规划实践可以看出，指状规划是一个动态与连续的规划，区域发展与轨道交通和城镇结构之间是有密切关系的，规划的原则和内容也是不断地调整和适应的，一个区域形态的形成与长期的坚持和管制引导是分不开的，区域规划与下属郡市之间的总体规划和小区规划也保持一致和适应。

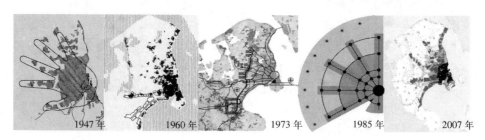

| 1947年 | 1960年 | 1973年 | 1985年 | 2007年 |

图4-5 哥本哈根历次规划图

经验二：依托轨道交通引导区域人口增长和住房供应

1970～2002年大都市区的中心城人口的比例减少了8%，郊区环内减少了1%，郊区环外增加了9%，说明轨道交通外延和新城建设很好地容纳了人口增长。与人口空间分布相应的是就业岗位分布的变化，中心城内的比例减少了12%，郊区环内增加了7%，郊区环外增加了5%。目前哥本哈根大约有100万就业岗位，180万居民，其中分布在中心城区1/3，郊区内环1/3，郊区外环1/3（见图4-6，表4-7）。哥本哈根的新市镇规划没有过多地强调居住与就业人口的平衡，在有轨道交通服务的新市镇产生了大量的对外通勤和机动化出行，而在一些中心城和老市镇的区内通勤比例相对较高。社区内的居住人口和就业人口不平衡造成了潮汐式的通勤交通，由于公共交通和新城的整合协调发展，轨道交通成为通勤出行的主导模式。2007年版的空间规划根据预测新增人口在轨道交通沿线安排各个空间层面的住房建设，重新重视靠近站点的开发，在车站周边放置了办公建筑，为新开发地区编制的城镇规划需要包括配套服务设施，保留交通基础设施和交通走廊。

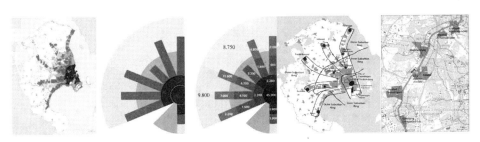

图4-6　2007年版哥本哈根规划的人口增长空间分布

哥本哈根历年的居住人口和就业人口分布　　　　　表4-7

	就业岗位				人口			
	1970	1980	1990	2002	1970	1980	1990	2002
中心城	50%	45%	39%	38%	41%	34%	32%	33%
郊区环内	30%	32%	36%	37%	35%	36%	35%	34%
郊区环外	20%	23%	25%	25%	24%	30%	33%	33%
合计	100%	100%	100%	100%	100%	100%	100%	100%

经验三：重视到达轨道交通车站的非机动化的交通模式设计

1994年调查结果显示，在距离车站1km的范围内，步行是主要的到达方式，从各车站总出行的38%~100%不等，在距离车站1到1.5km的范围内骑自行车到达占据主导地位，约占40%，只有在距离车站超过1.5km时，机动化的到达方式才占据主导地位，但其中乘坐公交车到达占40%~50%，即便远在距离车站2.5km时，骑自行车到达在所有到达出行中所占的比例为30%，超过了开小汽车到达后换乘比例的19%。城市设计为步行者和骑自行车者提供了舒适、有趣的城市空间和步行走廊、基本的设施。2007年版的规划还提出最多不超过600m的范围，因为从600m到500m的区间，轨道的比例增加一倍，每人每天开车出行减少10km，越是靠近车站，效果越大，并且与巴士的服务水平没有太多相关（见图4-7）。

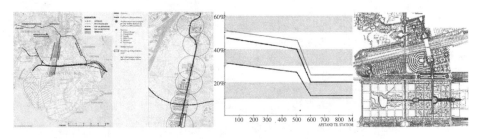

图 4-7　哥本哈根轨道交通与站点分布

（2）芝加哥大都市区规划

20 世纪 90 年代美国的城市增长带来很多问题，诸如交通拥堵、低收入人群的空间集聚、城市低密度跳跃式蔓延等问题。芝加哥基于居民和社区的高度整合和相互依赖的理念制定了大都市区规划，整合公共交通、高速路系统、城铁系统等交通系统、就业提供者和土地利用的关系，促使政府、商业、家庭和个人做出有利于区域发展的选择和决定。大都市规划主要包括住房选择、区域城市与中心、城市交通、城市道路系统等部分。针对大都市区规划的实施和机制问题，芝加哥大都市区规划还提出需要制定一系列实施步骤来应对，包括协调土地利用和空间政策、提供广泛的住房选择、重建现有社区、促进就业和公共交通旁边的可支付住房、鼓励落后地区的经济发展、提升社区的步行和自行车出行环境等措施[1]。芝加哥大都市区规划从住房、活动中心、道路交通体系等方面提出的策略是值得借鉴的：

策略一：在就业岗位周围提供可支付住房，提高就业居住平衡，减少交通需求

芝加哥 1980 ~ 1990 年的统计显示过半区域就业增长集聚在 10 个城镇，这些城镇的中等住房价格比大都市区域高 40%。可支付住房的空间分布对区域经济和城市居民是一个非常重要的问题，就业岗位多的地区内高昂的住房价格对于低收入阶层的居住选择形成排斥，就业增长最多的地方可支付住房供给不够充分，既增加了城市贫困的空间集聚，又增加了低收入城市居民的交通成本。大都市规划提出通过提供区域性住房和就业混合来扩展区域繁荣和机会。居住与就业平衡可以降低交通时间和成本，有利于企业接近强大的劳动力市场，通过平衡就业机会和居住来最大限度地减少城市交通需求。

策略二：区域城市与中心之间以高容量公交保持联系，强调用地混合

根据规模和可达性将区域中心分为 CBD、区域性中心、城镇中心等几种。区域性中心以高容量的公共交通系统和高速公路连接起来，每个中心又通过城市主要干道和公共交通连接城镇中心，要强调现有 CBD 的重要性，区域

---

1 丁成日. 芝加哥大都市区规划：方案规划的成功案例 [J]. 国外城市规划，2005，(4)：26-33.

中心要住房混合、在公共交通和主要交通干道等交通系统附近发展就业和购物中心，来减少交通需求。

策略三：提供高效和一体化的交通运输体系，整合土地开发，推动 TOD 开发

提出建立一个有效的和刚性的城市交通系统，充分利用已有的公路和铁路系统，形成无缝连接的轨道和公交系统，与城市社区发展相呼应，促进实现城市交通与城市土地利用的高度整合，将紧凑式的土地利用模式与高容量的公共交通相匹配，鼓励公共交通通达地区的投资或再投资，大力推动公共交通导向的土地开发（TOD）。

策略四：采用交通需求管理，提升道路容量，改善步行和自行车出行环境

大都市规划提出改善城市交通系统与快速路、道路拥挤收费、改善公交系统的便利性、改善步行和自行车环境、加宽道路、改善高速公路设计、促进理性交通技术来提升道路容量等。

哥本哈根的指状城市模式是城市空间发展与交通协调发展的经典，从哥本哈根的大都市区规划中，我们可以看到几十年来城市具有弹性的空间形态和规划的动态调整，以及鼓励轨道交通站点周边地区开发的措施。而芝加哥的案例则代表着另外一种类型的大都市区规划，芝加哥重视住房选择和就业岗位的交通可达性，通过在区域中提供足够的、多元化的住房，满足不同类型居民的需要，以此来鼓励居民靠近就业岗位居住，区域和城镇中心之间保证有便捷的联系通道。

2. 对国内大都市区规划的启示

从国外大都市区规划可以看出，大都市区空间规划主要的任务就是合理安排人口居住、就业和交通联系，住房和活动中心建设会影响到居民的居住和就业空间选择，进而影响到居民的出行模式。多数大城市的空间结构选择多中心的结构模式，而多中心空间结构模式的实现与住房建设和城市活动中心发展有密切的关系，在当前的发展态势下，需要引导空间结构发展，需要将住房建设、城市中心建设和旧城更新等开发建设活动与交通体系建设结合起来，才能够促进交通可持续发展。为了引导空间发展和交通模式，需要重点强调以下几点：

（1）保证大都市区空间规划的动态性和连续性，需要强有力的机构来执行空间规划的制定和调整。将区域规划、总体规划和下一层次区域规划结合起来，协调中心区与郊区新城建设的关系。

（2）要从市内的"市区公交"扩展到都市区范围内的全域公交，要以公共交通走廊先行的策略来引导大都市的空间结构调整。

（3）需要合理提供合适的住宅，安排新增人口和现有居民迁居，避免人

口继续在中心城集中；要提供轨道交通，在轨道站点周边布置居住用地，提供更多的公共服务设施，促进公共交通枢纽周围可支付住房的发展。鼓励适度的用地混合，考虑居住与就业的平衡，要在轨道站点周边住区创造就业岗位，避免巨型或单一化的功能分区。

（4）需要合理安排新增就业岗位和城市活动中心的分布，有公交联系的多层次活动中心网络是增长的重点地区，使各级活动中心能够通过快速交通与主要的居住地联系，大型公共设施的建设要与公共交通枢纽相结合。

（5）需要重视轨道站点周边的土地开发和非机动化方式的通道设计，采取交通需求管理的举措。

以下章节将会研究轨道交通和公共交通对于人口迁居、新的就业中心、老的活动中心与出行模式的影响，以及相应的应对措施。

第五章　住房发展与交通模式

　　住宅是居民生活空间载体，居民收入水平提高，有改善住宅和生活环境的需求，会引起家庭迁居活动，城市需要供应适合于居民需要的住房。大都市区化的背景下人口迁入大城市并从中心城向郊区扩散，住房供给和分布会影响到居住空间分布和活动规律。中国住房制度改革使得商品房成为居民拥有住房的主要途径，住房价格差异影响着不同收入水平居民的住房选择，进而影响到居民通勤、购物等活动和所采取的交通模式。那么，住房建设带来居民的迁居行为如何影响居住空间分布？相比地面公交支撑的发展模式，以轨道交通为主导的住房建设能够改善居民出行模式吗？本章以上海边缘区居民调查为例，研究不同交通条件支撑的发展走廊内居民迁居选择和出行模式，提出住房发展与规划策略。

一、住房发展背景

1. 住房制度改革与居住空间变迁

　　在过去的 20 年内，中国的住房制度发生了巨大变化，大都市区人口空间再分布和活动规律的过程，也是从计划经济体制向市场经济体制逐步转变的过程，要研究中国大城市的居住空间分布就需要与住房制度结合起来。长期以来，我国大城市居民的生活地点选择与住房的建设和分配制度是密切相关的。改革开放以前，计划经济体制下住房作为实物福利实行统一分配，其建设纳入国家基本建设体制，其空间分布主要受行政因素主导。如 1951 年后为贯彻"为生产、为工人服务"的城市建设方针，完全由国家投资并配合工业区建设的工人新村成为住宅发展的主要形式，这些居住区大批分散而均衡地布置在城市边缘的工业区和外围工业点，形成紧密联系的"工作—生活"单元；1958 年"大跃进"开始以后受国家建设方针的影响，部分居住区随着工厂迁出市区或迁至大型厂矿周围，其他部分则在城市中心区和城郊地带分散布局，居住区中还出现了小型工业、食堂和操场等"小而全"的设施。这个时期在北京、上海等城市出现了郊区卫星城镇，疏解城区的工业和人口；1966 至 1978 年受"文化大革命"的冲击，城市居住区建设较少，为节约用地而提高中心区建筑密度，旧城改造成为住宅建设的主要途径之一。改革开放以后，我国逐渐向市场经济体制转轨，城市化进程明显加快，住房制度发生重大变革，城市住房的投资主体发生了根本性的变化，由公房低房租租用逐步转变为商品房，房地产开发投资力度明显加大，居住空间分布的变化加快。

至 1980 年代中期，大城市边缘地带出现了大批成片的居住区，主要居住对象为中低收入阶层。在远郊区则出现了大量的独立式住宅及以安居工程、拆迁安置工程为主的居住区；1990 年以后政府陆续实施了旧城改造、土地有偿使用制度和住房制度改革等政策，特别是 1998 年下半年开始在全国停止住房实物分配，实行住房分配货币化，城市居民的住房购买力不断得到提高，同时对于居住区位的选择也更为自由，这些都影响了城市居住空间的分布[1]。

住房制度改革对于人口空间分布具有重要的引导作用。社会分层和空间分异是每个大城市各个发展阶段都有的现象，只不过中国大城市从计划经济向市场经济转变的国情决定了其特有演变特点。计划经济下以国有企业为主导的经济制度及其相应的住房分配体制，形成了单元制的生活工作模式和以步行和自行车为主的通勤模式。在就业制度和住房制度往市场经济的转轨过程中，以单位为阶层属性的社会空间分布正在转向以收入为阶层属性的分布模式，居民对住房的选择性也在提高[2]。计划经济体制下住房的分配主要是政府或者单位来建设和分配的，选择性很小，取决于居民的职业、阶层等社会特征，而市场经济体制下居民住房的选择性较大，一般是地方政府供应土地，由多个开发商主体来建设，居民综合考虑价格、交通、环境等因素来做选择。在上海、北京等大城市住房需求很大，越是靠近中心区、交通条件越好的住房价格就越高，所以收入水平较高的家庭，可以购买中心区内数量较少的、新开发的住房，多数的中等阶层在中心城边缘购买住房，收入水平越低，要么购买的房子离市中心越远，要么是在市中心购买面积较小的老房子。在市场经济体制下还有一部分居民因为城市动拆迁而被动选择迁居，政府为动拆迁建设的配套房也在边缘区。城市政府为了解决中低收入阶层住房问题而建造的保障性住房，多数也是位于中心城边缘。商品房制度下住房价格和家庭收入构成对迁居选择的制约，居民需要在居住环境改善和交通出行之间寻找平衡，进而形成新的居住空间分布和活动规律。

从住房制度改革可以看出，居民收入水平、空间分布、活动规律与交通模式之间有内在的联系。计划经济住房制度下居民生活地点和工作地点的距离较短，社区的配套设施比较完备，通勤以步行和自行车为主。而商品房制度下住房的供应主体多元化，居民迁居既要考虑不同类型住房价格与家庭的支付能力，还要考虑到家庭成员上班通勤的时间和成本。市场经济体制下居民可以自由选择居住地点和工作岗位，相比以前的"单位制"，每天上班通勤的时间会越多，造成交通模式的差异从以前以"单位"特征转变到"收入"

1 黄思杰. 交通与居住空间分布关系的模拟研究 [D]. 上海：同济大学，2006：30-31.
2 陆学艺撰写的《当代中国社会阶层研究报告》将当代中国社会划分为十大阶层：国家与社会管理阶层、经理人员阶层、私营企业人员阶层、专业技术人员阶层、办事人员阶层、个体工商户阶层、商业服务业员工阶层、产业工人阶层、农业劳动者阶层、城乡无业、失业、半失业者阶层。社会转型与阶层重构是当代中国城市发展需要面临的现实。

特征了。少部分因为动拆迁而迁居到城市外围的居民，因为住宅区周围缺少合适的就业岗位，缺少联系中心城的公交，面临着长时间和长距离通勤，每天要花很多时间在路上[1]。

2. 住房规划建设与交通困境

20世纪90年代以来，在居民家庭收入水平提高和住房制度改革的背景下，居民对住房条件改善有更高的要求，而大量的人口涌入大都市区，也创造了大规模的住房需求，城市房地产市场开发活动特别活跃。住宅建设活动呈现遍地开花的发展趋势，除了中心区内土地置换的住宅开发之外，边缘区大规模的商品房或者经济适用房建设，为新增人口和现有居民提供住房（见图5-1，图5-2）[2]。上海在"十五"期间明确把房地产业列为六大支柱产业之一，城市发展重心转向郊区，郊区是住宅建设的主要基地。北京新一轮城市总体规划也提出，城市边缘地带居住人口将由2000年的140万增加到2010年的200万，同时旧城区的常住人口由2000年的160万下降至2010年的150万以下[3]。住房郊区化进程使得大城市边缘的乡村地区成为新的居住空间，住宅规划建设促使人口在空间上从中心区疏散到郊区或中心城边缘地区。

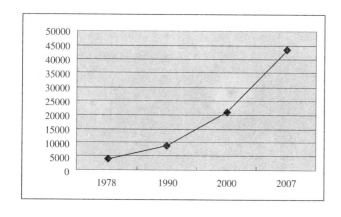

图 5-1　1978～2007年上海居住房屋面积

---

1 万勇归纳了上海拆迁安置型住房存在布局分散，规模较小，设施薄弱，交通不便，标准较低，就业困难等问题。并且认为，由于新住区的建设，居住与就业分离，还会形成往返于不同城市功能片区的"钟摆式"交通，导致居民生活成本增加。见万勇的《旧城的和谐更新》。
2 大都市区的居住区开发构成从空间层次上可以分为中心城住区、边缘住区、卫星城住区、村镇住区等构成，适应于都市区内不同层次居民多样化的需求，不同区位和环境质量住房的价格差异对不同收入水平的家庭形成吸引和排斥，也会影响到居住结构的空间差异。中心城及边缘住区的开发规模最大，是最为重要的人口迁入地。中心城以旧城更新和新区建设的住宅开发为主。一般来说，旧城区内可供开发的土地不多，主要来自部分工厂用地，以及危旧房拆除之后重建。大城市也会选择建设新区，如浦东新区、苏州新区等，新区内也会有相当比例的住宅区。中心城土地获取成本高，以高密度开发为主，入住的以中高收入为主。边缘区以大规模新建小区和动拆迁安置房为主。大城市巨大的住房需求促使边缘区域涌现大量的居住区，是大都市区人口主要流入区域。边缘区住宅是中心城住房的往外扩展，入住居民的活动主要与中心城有关，与所在郊区之间关系不密切。外围以卫星城和各级城镇的住宅开发为主。为了避免中心城区人口无限度增加，这些城镇通常是所在县区的所在地，本身也承担区域中心的职能功能和一定的生活服务设施。卫星城住区对于中心区居民的吸引相当程度取决于与中心城的空间距离和交通联系程度。有一部分在发展轴线上的重点镇，从规模上和与中心城的关系，也具有了卫星城的作用。此外在各种类型的产业园区中也会建设居住区或者职工宿舍楼，以容纳以中低收入为主的外来的就业人员。
3 邹卓君. 大城市住宅郊区化的空间对策研究 [J]. 规划师.2004,（9）：94-97.

77

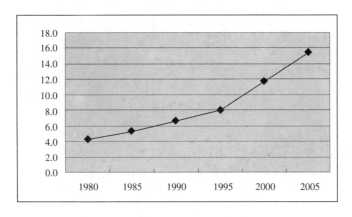

图 5-2 1980 ～ 2005
年上海市区居民人均居
住面积

大城市为了疏解中心区过密的人口，制定了相应的措施，促进了住宅的大规模郊区化，住房建设成为大都市区人口疏散政策的重要载体，也是影响空间结构的主要因素。在住房制度改革之外，住房规划建设也会影响可持续交通。

（1）规模估计不足，居住用地突破规划控制范围和开发强度

正如前一章的分析，大都市区空间规划对于发展规模失控，导致对人口增长和住房巨大需求估计不足，中心城和郊区建设住房的土地预留不足。2001 年版上海总体规划预测 2020 年常住人口达到 1600 万，而 2010 年第六次人口普查的常住人口数据为 2300 万。人口增长远超出规划预测，也就是意味着原先预留的居住用地远远不足，即使将 2020 年的住房用地全部建设，也难以满足居民的需求。

在这种背景下，就出现了很多居住用地突破城市规划控制范围。假如在原来空间规划的范围内只能够提供 8 万户住宅，而在中心城区有 10 万户购买住房的家庭，那么就会出现有 2 万户居民需求的空缺。在市场利益驱动和规划管理不够完善的情况下，就出现了一些居住用地突破规划控制范围或者开发强度的情况，靠近中心城的近郊区和各级乡镇出现大规模的房地产开发，建筑高度也从原来的多层纷纷偏向小高层，即使在远离中心区的新城或者重点镇，也大量出现高层住宅。这些外围的住宅小区本身的房屋、环境条件都很好，但是由于缺少规划控制，普遍情况下分布离散，城市公建配套不完善，居民生活不便，很多活动都要到中心区去，而与中心区之间公交联系不好，多数居民在入住新居之后，就业地点和购物地点仍主要集中在中心区，居民有比较长的通勤距离和时间，自然会鼓励私人交通工具的出行。

（2）空间分布的区域协调较弱，郊区居住空间蔓延

人口的大都市区化趋势是以住房空间分布的区域化来实现的，住房建设的区域协调就成为大都市区居住空间发展要重点考虑的问题。虽然大城市

78

均制定了中心城人口疏散和卫星城建设计划，但是真正落实到住房空间分布上，则不尽如人意。近年来房地产行业的发展很快，使得大城市下属的区县和城镇有发展经济的冲动，大量地出让居住用地缺少从区域层面的协调，结果是大量的住宅开发集中在中心城周围，整体上呈现出同心圆向外扩散的趋势，这个与大都市区依托公交走廊发展的理念是相悖的。与此同时，在远郊区也出现了一些居住小区，这些小区可能标榜的是生态小区，可是其区位选择和定位却决定了难以支撑可持续的交通模式。以上海的安亭新镇的开发为例，安亭新镇是以节能减耗为设计理念的，同时加强内部绿化生态系统，规划轨道交通 11 号线设安亭新镇站。但是由于住宅的开发档次较高，面向的居民都是高收入和有车族，住户的就业和生活与 50km 外的中心区有密切联系，加上轨道交通建设不同步，且新镇选址位于高速公路出口处，所以如果选择安亭新镇的居民自然地转向小汽车的使用，形成机动车主导的不可持续的高能耗生活方式。假如住房不是位于大运量公交发展走廊内，可能会鼓励长距离的机动化出行（见图 5-3）。

图 5-3　上海安亭新镇规划

住房的区域布局对交通可持续发展有深刻的影响。即使有小区的规划布局和整体开发，假如没有同步的交通服务，居民的就业活动主要依靠小汽车的话，那么这些内部节能的小区也会带来更多的交通和能源消耗。郊区住区建设不能仅仅停留在住区布局和建筑设计上，还应该考虑到多数居民与市中心之间的密切联系以及是否有大运量公共交通的联系。即使有些居住小区位于公交走廊内，缺少区域协调也会不利于可持续交通。

（3）轨道交通资源稀缺，无法形成支撑居住空间增长的大运量公交发展走廊

为了增加可开发的住房用地，政府进行了大量的道路和轨道交通建设，加强郊区与中心区的交通联系，与中心城区联系密切的轨道交通和主要道路交通走廊成为住宅开发最为密集的地带。上海地铁 1 号线建设减小了空间和时间距离，促成居住与就业的分离，带动沿线房地产开发，使得大量住宅小区聚集在轨道交通沿线，形成密集的带状中心，进而促进人口的郊区化，起到疏散中心城区人口的作用[1]。

1 钟宝华. 轨道交通对周边房地产价格影响的研究 [D]. 上海：同济大学，2007：10-12.

不过，相对于巨大的住房需求，多数大城市轨道交通的线路和站点数量有限，轨道交通站点周边可供开发的住房用地不多，并且轨道交通主要位于中心城，无法形成支撑居住空间增长的大运量公交走廊。以上海为例，由于前期的轨道交通建设基本上集中在中心城区，所以在居住郊区化进程中，轨道交通有效服务内的住房开发量虽然挺大，但是占居住区整体建设总量的比例不高，多数住房的交通条件仍以道路和普通公交为主。地铁5号线建设虽然促进了上海近郊区闵行区沿线的住房和产业开发（见图5-4），但是也应该看到，在边缘区有更多的住房小区开发是基于地面公交和私人交通的模式，还有很多的居住区不在轨道交通的服务范围内，离轨道站点很远也需要通过公共汽车来接驳轨道交通。而像位于沪宁发展轴线的嘉定区，靠近中心城的江桥、南翔等城镇近年来也有很多住宅小区建设，这些小区居民的出行更多的就需要考虑地面交通了。

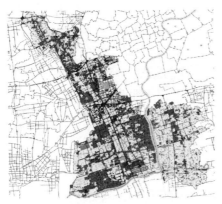

图 5-4　上海闵行区用地现状与用地规划

（4）供给结构不合理，边缘化的中低收入阶层无法分享公交投资效益

交通条件与住房价格的关系也会影响不同社会阶层居民的迁居选择和空间分布。住房供给结构与房地产市场密切相关，也会影响不同社会阶层人群的迁居选择和空间分布。市场经济导向的住房制度改革使得住房产品日益多样化，房地产市场根据不同类型居民的需求，开发住宅项目，影响住房供给和需求关系的主要因素是价格。大城市中心城核心地区和景观较好的地区由于有完善的公共服务设施和便捷的交通条件，加上土地成本相对较高，所以住房价格普遍较高，以高强度开发为主，而中心城外围相对较低，开发强度较低。高收入的家庭有能力支付高房价的住宅，可以根据自身对于区位条件和环境的要求来选择大户型、市中心的住宅，而中低收入家庭则需要选择偏离市中心的住宅，而就业岗位主要还是位于中心区，

外迁居民每天还是需要来往中心区通勤[1]。

轨道交通的通达性使沿线的住宅价格得到了提升，在车站周围形成峰值。轨道交通线路和站点太少使得轨道站点周边的土地成为稀缺资源，开发出来的商品住房价格比一般地区高，公建配套和环境都比较好，所以购买轨道站点周边住房的居民收入水平较高，小汽车拥有率也比较高，使用率也高。而中低收入阶层只能够选择在远离城市中心的地区购买经济适用房或动拆迁房，这些居民需要通过慢速的、长距离的公交才能到达活动中心。

（5）住区开发不成系统，社区服务和公共交通薄弱

由于土地出让和开发活动缺乏控制，开发主体多元化，土地的出让和项目开发之间存在时差，整体上呈现出住宅用地呈"摊大饼"式由中心城向外蔓延的趋势。由开发商主导的"自下而上"式住区开发容易在郊区空间聚集形成单一的居住区域，缺乏区域性的文化、娱乐设施及办公楼、工厂等工作岗位的统筹安排与布局，使得大型住区成为单功能的城市区域，还使得住区本身失去了社区生活多样化的活力[2]。比较典型的包括上海的三林和广州的华南新城，这些地区虽然有大规模的居住社区建设，不过因为距离市中心较远，以单一的居住区为主，周边缺少就业岗位，居民主要是到市中心上班和购物，由于没有轨道交通，依靠公共交通出行的话需要的时间很长，这也会鼓励居民采用和使用小汽车、摩托车等私人交通工具。

人口集聚和疏散是大都市区空间结构演变的主要动力，而住房是人口居住的空间载体，住房规划建设以及带来人口迁居即会影响居民的空间分布，也会影响居民的出行规律和交通模式。在城市化和工业化的推动下，中国大城市正在进行大规模的住房建设来适应人口集聚迁移，有必要进一步研究居民的迁居行为和居住空间分布有什么关系？迁居之后的活动规律有什么变化和特征？在这个过程中空间结构（单中心、多中心）和交通条件（轨道、小汽车等）对居民活动规律和出行模式有什么影响？只有选择案例，才能够进一步分析空间结构演变与可持续发展的关系，才能分析什么空间和住房策略如何才能引导居民可持续的交通模式。以下选择上海的调查案例来分析迁居行为与交通可持续发展。

二、案例调查——上海近郊区居民迁移与可持续交通

2007 年同济大学与美国伯克利分校联合在嘉定区江桥地区、浦东新区三林地区、闵行区梅陇—莘庄地区组织了居民出行调查，调查方式是入户访谈式问卷调查；调查内容包括家庭迁居行为和前后评价、工作通勤活动、市

---

1 中国城市规划设计研究院院长李晓江认为，中低收入家庭居住空间和社会服务越来越被边缘化的趋势已经形成，这给他们带来了就业机会问题、交通出行问题、配套服务问题等生活上的问题。虽然外迁的中低收入居民改善了居住条件，但带来的是就业风险增加、生活成本的提高和社会服务水平的降低。

2 周婕，罗巧灵. 大都市郊区化过程中郊区住区开发模式探讨 [J]. 城市规划 .2007, (3)：25-29.

中心购物活动、日常购物活动等。结合上海发展态势和规划资料，从社会经济特征、空间结构等方面分析居民迁居选择、通勤和购物活动，可以深入剖析不同社会阶层居民的迁居选择和迁居前后的活动规律。

1. 样本地区与研究方法

本次案例选择小区样本所在的三个地区均是中心区边缘、距离市中心10km以上、处于不同发展方向和交通条件的近郊区，从空间上已经基本上和中心城结合在一起了。莘庄20世纪90年代以来依托轨道交通1号线站点，开发了大量高质量的居住小区；江桥是曹安公路（国道318）沿线最靠近中心城的城镇，2000年以来开始兴建部分居住小区和动拆迁安置房，主要是安置本地动拆迁的居民；三林位于浦东新区的南侧，20世纪90年代以来一直作为上海中心城重要的人口疏散地，建设了大规模的经济适用房，近几年更是成为世博会动拆迁主要的安置地。本次调查有效问卷898户，2154人，家庭类型包括商品房住户和动拆迁房住户，三个地区样本均有商品房住户，江桥和三林有部分配套房住户（见表5-1）。

调查样本一览表　　　　　　　　　　　　　　　　表 5-1

样本类型		江桥			莘庄	三林			合计
		商品房	配套房	合计		商品房	配套房	合计	
户数	样本数	188	111	299	299	75	225	300	898
	比例	62.9%	37.1%	100%	100%	25%	75%	100	
人数	样本数	452	276	728	681	178	567	745	2154
	比例	62.1%	37.9	100%	100%	23.9%	76.1%	100%	

本次调查分析综合利用上海市第五次人口普查、上海市总体规划、上海交通大调查等各种数据和 transcad、spss 等软件，以求对调查数据作深入而有重点的分析。研究利用地理信息系统软件 Transcad，通过上海市道路网来计算起始小区和终止小区的空间网络距离。在对三个地区的空间结构特征进行比较分析的基础上，运用 SPSS 和 EXCEL 等软件对出行特征与社会经济特征进行双变量交叉分析，分析影响人们出行方式选择的各种因素。

2. 空间结构特征

为了研究居民的迁居行为和出行规律，需要对样本地区所在的空间结构特征作分析，才能够更好地把握居民的空间行为。以下从距离市中心的距离、土地利用、道路交通设施、住宅特征等几个方面作比较分析。

（1）距离市中心的距离

这三个地区位于外环线附近，莘庄位于上海沪宁高速发展轴线上，江桥位于沪宁高速发展轴线上，三林不在城市主要发展轴线上。三个地区距市中心直线距离为 12～15km，空间上和中心城连在一起。莘庄与徐家汇副中心的距离较近，三林与花木副中心的距离较近，江桥距离真如副中心（规划）较近[1]。受地面道路网络的影响，三个地区到城市中心的直线距离和实际道路距离还有差异。三林地区虽然距离人民广场的直线距离只有 12km，不过地面快速路的长度接近 16.5km，这是因为三林位于浦东，与浦西之间有黄浦江分隔，加上路网形式的关系，而江桥同样 12km 的空间距离快速路的长度只有 13.5km，这是因为江桥位于城市对外走向放射轴线上，线路比较直接顺畅（见图 5-5，表 5-2）。

图 5-5 调查地区和小区位置图

调查地区到城市中心的空间距离（单位：km）　　　　表 5-2

地区	空间距离	人民广场	陆家嘴	徐家汇	花木	五角场
莘庄	直线距离	15	17	9.5	18	23
	快速路长度	17.5	19	10	20.5	28
江桥	直线距离	12	14	10.5	16.5	16
	快速路长度	13.5	16	14	18	20
三林	直线距离	12	11.5	11	9	18
	快速路长度	16.5	13.5	16.5	10	24

　　除了空间距离和实际距离之外，所在地区不同交通条件，也会影响到不同的交通方式到达城市中心的实际时间。由于莘庄地区有轨道交通服务，所

1 上海城市总体规划（2001-2020）确定了沿海发展轴，沪宁、沪杭发展轴，确定了中央商务区和主要公共活动中心构成中心城公共活动中心，以人民广场为市级中心，徐家汇、花木、江湾-五角场、真如为副中心。其中真如副中心还处于启动建设阶段，徐家汇副中心已经相对成熟。

以和其他两个地区是有差异的。从不同交通方式到达市中心的距离来看，三个地区使用公交方式到达市中心的时间在 1h 以上，使用小汽车到达市中心的时间是 40～50min，莘庄地区使用轨道交通到达市中心是半个小时（见表 5-3）[1]。

调查地区高峰时间到城市中心的时间距离（单位：min）   表 5-3

		人民广场	陆家嘴	徐家汇	花木	五角场
莘庄	小汽车	50	60	30	60	85
	轨道交通	29	33	17	38	
	公交车	90	102	57	108	138
江桥	小汽车	40	50	40	55	60
	公交车	72	84	63	99	96
三林	小汽车	50	40	50	30	70
	公交车	72	69	66	54	108

（2）土地利用

从土地利用来看，三个地区周边用地构成和布局方式有明显差异。莘庄位于城市外环的西南角，用地被高快速路和轨道交通划分成几块，街区尺度较小，轨道两侧的道路间距较大，土地混合程度较高，用地主要是居住用地和公共设施用地，外围有工业企业，用地紧凑，与中心城连为一体。江桥位于外环西侧和沪宁高速两侧，用地被东西向的沪宁高速和曹安公路划分成三片，中间为江桥镇区，外围为大量的工业企业，公共服务设施较少，土地开发比较零散，与中心城连为一体；三林位于外环线北侧，杨高南路西侧，以居住用地为主，社区内缺少公共服务设施，周边用地建设较为零散，与北部建成区之间有一定的距离（见图 5-6）。

（3）道路交通设施

从道路来看，莘庄位于沪闵高架沿线，与市中心和徐家汇有直接的高速道路联系，道路网络最为完善；江桥与市中心有曹安公路（武宁路），道路网络比较混乱；三林有杨高南路，与陆家嘴中央商务区有直接联系，三林地区到市中心需经过卢浦大桥和南浦大桥过江，以方格路网为主，道路网络不够完善。

从轨道交通来看，莘庄紧靠地铁 1 号线，1 号线经过徐家汇副中心和

---

1 上海高峰时刻高架快速路小汽车时速 20km/h，公交车专用道时速 15km/h，地铁平均运行速度为每小时 35km。空间距离取外环线到中心的距离，公交线路长度由"直线距离"乘以"非直线系数 1.5"。

市中心，换乘2号线可到陆家嘴和花木副中心；江桥距离最近的地铁是3号线曹杨路站或金山江路站，通过3号线可以到达徐家汇副中心，换乘地铁2号线可到市中心、陆家嘴和花木；三林距离地铁4号线和2号线的距离均较远。

从地面公交来看，沪闵路有多条公交线直达或者经过莘庄，往市中心方向可到内环线和徐家汇附近；曹安公路有3条公交线路经过或者到达江桥，往市中心方向可到内环线和地铁2号线曹杨路站左右；三林地区有多条公交线路到达市中心，可到达徐家汇、人民广场和徐家汇（见图5-7）。

图 5-6 调查地区周边用地现状图

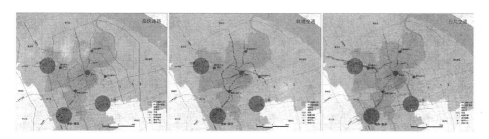

图 5-7 调查地区道路交通条件

（4）住宅特征

从调查的小区来看（见图5-8），1号线轨道站点周边的住宅小区以面向中高收入阶层的商品房为主，而面向中低收入的动迁配套房和经济适用房分布在浦东三林、嘉定江桥等缺少轨道交通的地区。轨道交通站点的住房以小高层为主。从小区开发强度来看，莘庄以小高层居多，三林以多层和小高层为主，江桥有少数低层别墅区，近两年来开发的商品房和动迁房，有从多层向小高层转变的趋势。

A 莘庄小高层
B 莘庄多层
C 三林小高层
D 三林多层
E 江桥小高层
F 江桥多层
G 江桥底层

图 5-8 调查样本小区照片和高度

(作者拍摄)

　　从房价来看，新开发的房屋价格较高，靠近市中心的房屋价格更高，靠近地铁的价格更高。虽然三个样本地区与市中心的距离大致相当，莘庄轨道交通站点周边的房屋价格在 13000 ~ 16000 元 /m²，整体上高于三林和江桥 9000 ~ 12000 元 /m² 的价格 30% 以上。莘庄的户均面积在 110 ~ 120m² 之间，人均面积在 35 ~ 45m² 之间；江桥的动迁房面积在 100m² 左右，农民动迁房户均 200m² 以上，商品房大约 100 ~ 110m² 左右；三林的户均面积在 80 ~ 100m² 左右，人均在 25 ~ 25m²（见表 5-4）。轨道交通旁边的莘庄住房价格和面积高于其他两地，动迁房的面积低于商品房，农民安置房的户均面积较大。

调查小区一览表　　　　　　　　　　　　　　表 5-4

地区	编号	小区名称	房屋类型	开发时间	户数	层数	房价（元/m²）	户均面积（m²）	人均面积（m²）
江桥	A1	嘉城香滨河畔	商品房	3 ~ 4 年		12	10000	108	38
	A2	临潭路 518 弄	动迁房	5 ~ 6 年		6	8500	99	31
	A3	临潭路 510 弄	动迁房	5 ~ 6 年		6	8500	108	32
	A4	高潮小区	农民别墅	5 ~ 6 年		2		215	49
	A5	高潮中心村	农民别墅	2 ~ 3 年	150	2		237	55
	A6	丰盛雅苑	商品房	1 年半		3	9000	153	51
	A7	丰庄小区	商品房	4 ~ 5 年		6	12000	107	30

86

地区	编号	小区名称	房屋类型	开发时间	户数	层数	房价（元/m²）	户均面积（m²）	人均面积（m²）
莘庄	B1	上海欣苑	商品房	6年	1800	5～12	16000	126	32
	B2	嘉和花苑	商品房	2年	1100	8～12	15000	120	35
	B3	春申景城	商品房	1年		18	14000	99	37
	B4	金铭新水岸都市	商品房	2年	700	10	15000	116	41
	B5	都市星城	商品房			10～15	13000	108	45
	B6	莲浦新苑	商品房	3～4年	280	6	15000	123	40
	B7	紫欣公寓	商品房	6年	400	14	14000	119	37
	B8	地铁明珠苑	商品房	6年	400	10	15000	112	35
三林	C1	意凯JIA苑	商品房	1年	100	12	12000	87	29
	C2	永泰花苑	动迁房	2年	2500	18	11000	75	26
	C3	盛源公寓	商品房	3年		6	13000	102	32
	C4	浦发绿城	动迁房	3年	400	6	12000	89	30
	C5	浦发绿城	动迁房	2年		6	12000	80	26

注：房价数据来自2008年3月15日搜房网，其他数据从2006年7月现场调研获取。

样本地区空间结构特征比较　　　　表5-5

	莘庄	江桥	三林
到市中心的时间距离（公交/轨道）	短（轨道交通）	长（公交）	长（公交）
与城市发展轴线的关系	沪杭发展轴	沪宁发展轴	不在轴线上
土地混合程度	高	高	低
公共服务设施完善程度	高	一般	低
路网完善程度	高	一般	一般
轨道交通服务水平	高	低	低
公共交通服务水平	高	低	高
小区开发强度	高	高、中、低	高、中
住房价格	较高	较低	较低
户均面积/人均面积	大	大、中	中、低

通过以上四个方面的分析，可以归纳出三个地区的空间结构特征，以下从迁居行为、通勤活动、购物活动等几个方面，分析不同空间特征对于居民出行活动规律的影响（见表5-5）。

3. 迁居行为与居住空间分布

迁居行为会带来人口居住空间分布变化，房价导向的迁居选择会造成到不同社会阶层的空间分异，并进而影响到居民的生活规律。以下先分析居民迁居的原因、路径和住户社会经济特征，分析居民为什么要迁居？从那里迁过来的？迁居行为会促成什么样的社会分层？

（1）迁居原因

从样本数据来看，主动性迁居的商品房的迁居原因主要包括生活环境、房价、交通和服务设施等。从样本地区迁居选择的原因比重来看，莘庄地区居民主要看中的是生活环境和交通便利，而江桥和三林居民则更多地考虑到了房价因素，对于交通便利因素考虑较少。这也反映出住房价格和交通条件是影响住户迁居选择的核心因素，高收入家庭有能力承担购买住房的支出，所以看重的是生活环境和服务设施，中等收入家庭的住户在房价的制约下，没有能力兼顾交通条件和服务设施等因素。从"离单位距离近"来看，不到15%的居民是考虑到居住在单位旁边来选择住房的，居住与就业之间的通勤还是得看居住地点的交通出行条件，从一个侧面也反映出在大都市区内追求居住就业平衡目标与实际的就业居住有差距，在影响居民住房选择的众多因素中，与就业单位的距离可能不会是最关键的，反过来说，居民在选择单位的时候，与住宅的距离也不会是最关键。被动性迁居配套房住户的迁居原因主要是因为基施建设动拆迁和项目开发动拆迁（见表5-6）。

居民搬迁原因比较 表5-6

迁居原因	商品房			配套房	
	莘庄	江桥	三林	江桥	三林
更好的生活环境	70.70%	44.60%	27.00%	17.40%	4.00%
基施建设动拆迁	1.70%	8.70%	6.80%	50.50%	74.60%
房价便宜	14.80%	37.50%	50.00%	1.80%	4.00%
交通便利	43.10%	3.80%	4.10%	2.80%	1.30%
项目开发动拆迁	0.70%	7.60%	8.10%	34.90%	29.00%
离单位距离近	14.80%	9.80%	13.50%	11.00%	0.40%
服务设施配套	19.70%	6.50%	2.70%	0.90%	2.20%
成立新家庭	11.70%	4.30%	8.10%	0.00%	0.00%

迁居原因	商品房			配套房	
	莘庄	江桥	三林	江桥	三林
与家人住在一起	11.00%	3.80%	10.80%	0.00%	0.00%
其他	4.10%	5.40%	1.40%	0.90%	1.80%
近期结婚	5.20%	2.20%	4.10%	0.00%	0.00%
子女就读好学校	2.10%	2.20%	2.70%	0.00%	0.90%
公司提供的住处	0.00%	1.10%	1.40%	0.00%	0.00%

注：本选项为多选，上表的比例由样本数除以对本选项有填写的实际人数，总共有885户填写，其中江桥、莘庄、三林的商品房分别为184户、290户、74户，江桥、莘庄、三林的配套房分别为109户、224户。

(2) 住户来源与迁居路径

从住户来源的所在区、相邻区的比例可以看出，莘庄小区吸引所在闵行区住户占37%左右，吸引相邻的徐汇区的比例达到26.5%，徐汇区"内环内"部分比例为高达42.2%，中心城的其他几个区也有3%～6%的比例；江桥小区吸引所在嘉定区的比例为33.3%，相邻的普陀和长宁分别为26.2%和19.0%，主要集中在内外环线之间；三林所在浦东区占的比例最大，达到52.9%，并且主要集中在社区的周边，由于黄浦江的间隔，降低了三林社区对周边区的吸引力（见表5-7）。

商品房住户的迁居的空间特征　　　　　　　　　　表5-7

迁入区	迁出区			不同空间层次的比例		
	所在区	样本	比例	内环内	内外环间	外环外
江桥	嘉定	56	33.3%	0%	17.9%	82.1%
	普陀	44	26.2%	15.9%	81.8%	2.3%
	长宁	32	19.0%	46.9%	53.1%	0%
莘庄	闵行	89	36.9%	1.1%	19.1%	79.8%
	徐汇	64	26.6%	42.2%	54.7%	3.1%
三林	浦东	37	52.9%	5.4%	94.6%	0%
	黄浦	12	17.1%	100%	0%	0%

从住户来源的社区与现在社区的交通关系看（见图5-9），莘庄社区主要来自轨道交通沿线的徐汇、静安、卢湾等区，其空间距离大致在20km以内，

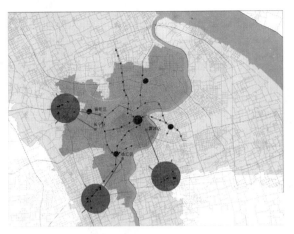
图 5-9　商品房的吸引范围

在轨道交通 30min 的服务范围内。江桥小区人口主要来自曹安公路、金沙江路和长宁路沿线的普陀区和长宁区的社区，其空间距离大致在 6 ～ 8km 范围内，在公交车和助动车 30min 的服务范围内；浦东地区由于河道分隔，与浦西的联系主要依托跨江大桥和隧道，位于浦东西南部端头的三林现状存在不完善的树枝状路网特征，决定了其吸引范围主要集中于 6km 的范围内，只吸引了少部分与浦东相邻的黄浦区的居民迁入，对其他中心区吸引力最弱。

可以看出，边缘区商品房开发吸引中心城居民主动性选择外迁，迁居行为具有一定的方向性和空间层次特征。中心城人口沿着主要交通干道的方向向外疏散，交通条件和区位特征影响着吸引人群的范围和比例。上海的人口空间迁移和变化与扇形理论接近，人口的空间迁移与现有的社区特征有内在的关系，还需要在下面的章节进一步研究，这种具有方向性和空间层次特征的人口迁移是不是会出现社会分层和居住隔离，与轨道、道路等不同的交通条件是不是有内在的联系。

而配套房居民的迁居活动更多地体现出选择的被动性和空间更加明显的指向性特征（见图 5-10）。三林地区作为前期上海主要的配套房建设基地，是中心城动拆迁主要的安置方向。三林接纳的住户除了大部分来自浦东之外，还有包括浦西卢湾淮海和打浦街道、闸北中兴街道、杨浦江浦街道以及浦东潍坊、上钢、南码头等街道的居民。江桥的动拆迁房规模相对较小，主要是安置当地的居民，有少部分住户来自静安区江宁街道。

旧城改造和基础设施建设是导致中心城人口搬迁的重要原因，也是中心

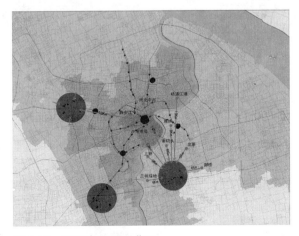
图 5-10　配套房的吸引范围

城人口疏散战略的组成部分。不过相比商品房居民，配套房居民对于住房位置选择性更小，只有少数的几个安置点，这种外迁很多时候带有强制性。拆迁安置点距离原居住点的距离更远，与城市主要干道的关系也不密切。三林住户与迁出地闸北、杨浦和卢湾的主干道距离在 12～18km 左右，由于黄浦江的分隔和路网格局衔接的影响，基本上在公交车 60min 左右的范围内，远远大于商品房居民迁出的距离。

（3）居住空间特征与社会分层

样本小区由于空间结构、交通条件和房屋价格等特征差异，对于不同类型住户的吸引力是不同的，迁居也就是所在地区对于入住居民的筛选过程，会造成同质居民在空间上的集聚，而对不同质的住户形成排斥。样本的社会经济特征差异表现在家庭收入、职业分布、文化水平等方面。

首先是家庭收入的差异。莘庄地区人均收入水平最高，其次为江桥，再次为三林。由于莘庄地区房屋价格较高，吸引的居民整体收入水平较高，而三林以动拆迁居民为主，以中低收入人群为主。江桥地区包括了商品房、中心城配套房、当地安置房等多种类型，其收入水平介于莘庄与三林之间（见表5-8）。

调查地区居民月收入水平 　　　　　　　表5-8

类型（元）		<1000	1000～2500	2501～4000	4001～8000	>8000	合计
地区	江桥	22.9%	48.2%	15.2%	11.0%	2.7%	100%
	莘庄	8.0%	32.6%	24.4%	22.8%	12.1%	100%
	三林	30.7%	49.5%	12.7%	4.3%	2.6%	100%
房屋类型	商品房	10.9%	40.2%	22.4%	18.1%	8.4%	100%
	配套房	36.4%	49.1%	9.3%	3.8%	1.5%	100%

其次是职业构成的差异。三林地区住户在国有企业和集体企业工作的比例远高于其他地区，莘庄地区住户在外资企业上班的人员比例较高，江桥地区住户在私有企业工作的比例较高。在外资企业和政府部门工作的人员，属于比较高收入的人群，而在国有企业和乡镇集体企业工作的人群，工资收入比较低。从职业类型，企业经营者、政府人员、管理阶层属于比较高收入的人群，而离退休人员、服务员、失业人员属于较低收入人员。从单位分布来看，配套房住户在国有企业工作的比例较高，而商品房住户在外资企业的比率较高。

第三是文化水平的差异，样本地区接受过大专以上文化教育的整体比率为42.2%，其中莘庄地区（68.3%）远高于江桥（36.1%）和三林地区（24.0%），商品房住户（55.8%）远高于配套房住户（21.0%）（见表5-9）。

最后是交通工具拥有率的差异。总体上商品房家庭拥有汽车率较高，配套房的居民的比率最低。收入水平最高的莘庄地区虽然靠近地铁，也是小汽车拥有率最高的地区，高于江桥和三林的商品房住户，这是因为莘庄高收入的商品房家庭比例较大，而三林高收入阶层最少。江桥的助动车拥有率最高，这个与江桥的公交不发达有关系，而莘庄和三林的商品房用户则较少。莘庄地区每百户家庭的自行车最少，是因为高收入阶层较多，使用自行车的比例就相对少了。从收入水平来看，年收入 5 万元以上的家庭拥有小汽车的比例有较大的提高，年收入在 10 万元以上每百户家庭的汽车拥有率达到了 62 辆。助动车则是作为小汽车的代替品出现的，收入水平在 10 万元以下每百户家庭的助动车拥有率在 40 辆左右，收入水平进一步提高，则助动车的拥有率减少。自行车在中低收入家的拥有率很高，每百户家庭拥有 60 辆自行车，自行车在各种类型家庭的出行中占有较高的比例，20 万元以上每百户家庭自行车比例剧减至 30 辆（见表 5-10）。可见，交通公交的拥有与收入水平密切相关，公交不发达也会刺激机动化工具拥有，小汽车增加会相应减少助动车和自行车拥有，靠近轨道交通开发的住房并不能减少机动车的拥有。

调查地区居民文化水平　　　　　　表 5-9

	年龄段	初中及以下	高中	大专	大学本科	研究生及以上	合计
地区	江桥	27.0%	36.9%	24.5%	10.9%	0.7%	100%
	莘庄	8.7%	23.0%	28.1%	33.8%	6.5%	100%
	三林	44.3%	31.8%	12.6%	10.1%	1.2%	100%
房屋	商品房	14.0%	30.2%	26.5%	25.0%	4.3%	100%
	配套房	47.6%	31.5%	13.9%	6.8%	0.3%	100%

不同地区每百户的车辆拥有情况　　　　　　表 5-10

地区		小汽车	助动车	自行车
商品房	莘庄	37.8	24.7	57.9
	江桥	31.9	52.1	61.2
	三林	20	21.3	61.3
配套房	江桥	12.7	73	71.2
	三林	6.2	42.2	72
家庭年收入（元）	2 万以下	10.8	38.5	70
	2～5 万	10.9	46.5	67.8
	5～10 万	32.2	41.9	59.9
	10～20 万	62.1	19.5	57.5
	20 万以上	84.6	23.1	30.8

在轨道交通资源比较稀缺的时期，只有收入水平较高的家庭，才可以购买到靠近地铁站点周边高房价的住房。为了迎合高收入阶层的需求，轨道站点周边的房型面积普遍偏大，进而会加大单套住房的价格，对低收入家庭也会造成排斥。在住房价格和居民支付能力的制衡下，居民在住房价格和交通条件之间做选择，收入水平相对较高的居民有能力购买靠近轨道交通和市中心的高价房，收入水平相对较低的家庭则只能购买远离轨道交通和市中心的低价房，而居民收入和文化水平、职业、单位类型相关，轨道站点周边高房价和大户型的住房对低收入家庭排斥。住房建设和迁居活动影响不同社会经济特征人群的空间分布，轨道交通"点线状"的住房价格也就促成沿线居住空间分异。

住房建设不光在引导着不同社会阶层空间集聚，还在加剧社会分层的进程。从就业率看，全部调查样本中有工作的人占成年人的62%，其中江桥和莘庄高于平均水平，均为67%，三林仅为51%。收入水平较高的地区就业情况好于以动拆迁居民为主的三林地区。由此还会带来家庭收入变化（见表5-11）。从下表可见，莘庄的家庭收入水平最高，搬家前后的收入变化水平也最大，其次为江桥，最后为三林；配套房的居民收入远低商品房，并且搬家前后的收入几乎没有变化，而购买商品房者的收入水平变化则非常大。相比江桥被征地居民的就地模式，从中心城被动外迁的三林居民在就业能力上处于弱势。高收入家庭相比低收入人群的收入增加会更快，不同地区之间的差异还会继续加大。也就是说，住房建设和迁居行为在导致居住空间分异之后，居民的社会经济特征会相应的影响到地区居民的就业率以及家庭收入。大都市区住房建设和居民迁移的过程，也是社会分层和居住空间分异形成的过程。

迁居前后的家庭收入比较　　　　　　　　　　表5-11

		迁居之后（元）	迁居之前（元）	增长比例
总体水平		65790	53945	22.0%
地区	江桥	59470	51776	14.9%
	莘庄	91474	68618	33.3%
	三林	47489	42102	12.8%
房屋类型	配套房	39832	38296	4.0%
	商品房	81959	63693	28.7%

由于收入水平差异与交通工具之间有密切的联系，居民的收入水平的提高和小汽车的价格降低，会增加拥有机动车的能力和愿望，小汽车进入家庭的趋势仍会不断地加强（见表5-12）。以莘庄为代表的有轨道交通服务的地

区高房价吸引了高收入的家庭，这一部分家庭迁居之后收入的增长速度也是最快，汽车拥有率最高，购买小汽车的能力也最强（尽管购买的愿望已经不是那么强烈了），最终是在轨道交通站点周围形成高比例的汽车拥有率。而在缺少轨道交通的三林地区聚集了中低收入阶层，这个地区汽车拥有率较低，公交出行的时间很长，那么居民收入水平提高之后，最想做的、愿望最强的事情也是购买私人交通工具。这是一个既矛盾又现实的问题，轨道交通沿线聚集了大量的高收入和有车人群，而边缘化的中低收入阶层迁往缺少公交服务的地区，并且没有办法改善交通出行能力，可选择的就业机会更少。

不同地区每百户的车辆购买意愿 表 5-12

地区		小汽车	助动车	自行车
商品房	莘庄	6.4	5	2.3
	江桥	4.3	11.7	5.3
	三林	8.1	5.4	0
配套房	江桥	7.3	7.3	2.7
	三林	1.8	4	1.3
家庭收入水平（元）	2 万以下	2.3	8.5	3.1
	2～5 万	3.6	7.8	2.9
	5～10 万	7.9	5.2	1.5
	10～20 万	4.6	3.4	2.3
	20 万以上	0	0	0

4. 就业与通勤活动分析

就业通勤活动是居民最经常的活动，也是城市客运交通最主要的运输任务。研究就业与通勤活动，可以进一步分析大都市区居住空间分布变化和交通模式的内在关系。以上的分析说明迁居活动导致不同收入阶层的居住空间分异，以下进一步分析迁居之后居民的就业岗位分布与居住地点的关系，以及采取的通勤模式，再深入分析社会经济特征和距离轨道站点距离对交通模式的影响。从本部分内容可以反映出迁居活动与可持续交通之间的内在关系。

（1）就业岗位的空间分布

居住地点再选择意味着原有的居住—就业关系发生变化，那么，居民是否会相应地改变工作岗位呢？从整体上看，维持工作不变的约占85%，仅有15%的居民转换工作。换工作最多的是三林的配套房和商品房居民，而江桥换工作的比例最低（见表5-13）。居民在迁居之后高比例地维持原有工作，说明居民在住房选择的时候，已经充分考虑到迁居行为与工作改变的关系，住房选择对于工作变动的影响较小，从另外一个侧面反映出就业岗位对于居民迁居内在的牵制关系。

迁居与居民工作变动情况　　　　　　　　　　　表 5-13

单位变动	商品房			配套房	
	莘庄	江桥	三林	江桥	三林
换工作	14.6%	9.5%	16.7%	8.8%	20.8%
不换工作，换地点	7.6%	8.3%	6.5%	2.9%	2.8%
不换工作	77.7%	82.2%	76.9%	88.2%	76.4%

这些边缘社区的居民的工作岗位主要位于哪些空间圈层？与城市中心的关系如何呢？从就业岗位的空间分布来看，三林在内环线和外环以内工作的比例最为集中，达 89.8%，莘庄次之，达到 68.2%，江桥最低，只有 56%。从城市中心区的就业分布来看，三林与莘庄在"内环线以内"的就业高度集中在"城市中心"内，莘庄和三林居民在城市中心的比例达到 30%，占到"内环线内"的 70%，其中莘庄居民在徐家汇副中心的比例约 5%，而江桥则相对分散，在"城市中心"内的比例只有 12%，占"内环线以内"的 50%（见表 5-14）。虽然居民的居住地点从中心城往外迁，多数居民的就业岗位仍然保持不变，中心城内环线内仍然是边缘区居民就业的重点空间圈层，城市中心人民广场周围仍是居民就业集中地区，就业岗位空间分布格局呈现出"强向心"的态势。

就业岗位的空间分布　　　　　　　　　　表 5-14

		江桥		莘庄		三林	
		样本	比例	样本	比例	样本	比例
空间层次	内环线以内	104	23.6%	154	41.2%	154	42.3%
	内外环之间	143	32.4%	101	27.0%	173	47.5%
	近郊区	193	43.8%	113	30.2%	36	9.9%
	远郊区	1	0.2%	6	1.6%	1	0.3%
中心	市中心	51	11.6%	90	24.1%	95	26.1%
	徐家汇副中心	4	0.9%	19	5.1%	9	2.5%
	花木副中心	0	0	2	0.5%	2	0.5%

居住就业的平衡程度如何？从就地工作和非就地工作的比例看，江桥的就地工作比例最高，达到 35.6%，高于莘庄和三林。因为江桥的居民以原有江桥镇居民和农村居民为主，江桥周边有大量的工业企业，其就业与所在地区之间存在紧密联系，所以在迁居之后，就地工作的比例也较高，在就地工作中从当地迁入的居民的比例更是高达 80.3%。而莘庄和三林大部分的居民都是从中心城搬迁过来的，就地工作的比例在 20% 以内，就地工作中也是以非就地搬迁的为主（见表 5-15）。从就业平衡程度可以反映出几点，一是在居住地点周边提供就业岗位不一定可以达到居住与就业平衡，就业平衡程度除了与所在社区是否有就业岗位有关系，还得看就业岗位是否适合。居民在迁居之后不改变就业岗位，也说明了中心城内的就业岗位比社区所在的岗位更多更合适，居民宁愿到距离较远的市中心工作，也不愿改变工作岗位；二是居住就业平衡程度得在一个合理的区间内，现状就业平衡的比例大约为 15% ～ 35%，从调查中反映出来的这个幅度范围有一定参考价值，虽然所有的空间规划都强调土地混合，不过对于平衡的比例不宜期望过高。以上的调查说明就业的变化不大容易，改善从就业中心到居住区的公共交通非常重要。

就地工作的比例 [1]

表 5-15

		江桥		莘庄		三林	
		数量	比例	数量	比例	数量	比例
非就地工作		257	64.4%	260	83.3%	290	85.5%
就地工作		142	35.6%	52	16.7%	49	14.5%
其中	非当地搬入	28	19.7%	32	61.5%	35	71.4%
	当地搬入	114	80.3%	20	38.5%	14	28.6%

那么，就业岗位空间分布与道路交通条件之间有什么关系？从就业岗位在各个社区的分布来看（见图 5-11），莘庄居民就业空间呈现沿轨道交通集中分布的带状形态，特别是从徐家汇到人民广场的区间；江桥的就业空间为分别沿曹安公路和长宁路到达人民广场的纺锤状形态，三林的就业空间受黄浦江分隔影响，呈现出沿杨高南路、西藏南路、淮海路的树枝状形态。可见，城市的中心体系、土地利用和道路交通条件等空间结构特征对于居民就业空间分布有内在的影响，就业岗位分布在与城市中心联系的交通干道的沿线，城市居民在与城市中心联系的交通干道沿线寻找居住地点。因为交通方式在一定时间内可以到达的距离决定了工作岗位分布的空间范围和路径。大运量

---

1 就地是指居民在所在社区工作的比例，调查数据按照上海交通分区来划分，每个分区基本上就是街道的范围。

的轨道交通相比其他交通方式具有明显的优势，相比地面公交可以支撑居民在相同时间内更远的出行距离，扩大了城市中心各种企业的劳动力市场的范围，所以会不断地强化沿线"点轴式"的居住—就业关系，而地面交通方式则容易形成以主干道为轴线的、相对分散的居住—就业空间分布。

图 5-11　就业岗位的空间分布与城市中心的关系

（2）通勤活动与交通模式

在居住—就业关系的基础上，以下进一步分析居民的通勤模式，从三个样本地区居民通勤的出行距离、出行时间、出行方式、空间分布等方面，研究居民出行模式与空间结构和交通条件之间的关系。从居民非就地工作的出行整体情况可能来看，莘庄平均出行距离最小，大约是 12.23km，三林比莘庄高出 17%，大约为 14.31km，江桥比莘庄高出 41%，大约是 17.31km。从出行时间来看，莘庄的平均出行时间低于 60min，江桥约等于 60min，三林地区的平均出行时间明显高于其他两地，达到 71min。从居民的平均速度来看，三林的出行速度最低，只有 12km，而江桥的出行速度最高。由此可见：相比其他两地，莘庄居民都是自己选择购买商品房的，所以居住地点与工作地点之间的距离比较短，相应的出行时间也比其他两地的低，而三林的居民以被动迁居为主，居民每天需要花费大量的出行时间在通勤上。莘庄居民的平均出行速度只有 14.39km/h，说明轨道交通与出行时间之间并非是完全相关的，与轨道交通接驳的交通方式耗用的时间也需要引起重视（见表 5-16）。

非就地工作通勤活动的平均出行距离和出行时间　　　　　　表 5-16

机动性	江桥	莘庄	三林
平均出行距离（km）	17.31	12.23	14.31
平均出行时间（min）	63.71	51.17	71.45
平均速度（km/h）	16.3	14.39	12.0

从工作通勤的出行方式构成来看，机动化出行的比例高达85%以上，轨道交通和公共交通占到60%左右，莘庄和三林的公共交通达到60%以上，莘庄使用轨道交通的比例约为50%，公交约为10%，三林的公交约为50%，轨道约为10%，因为有较好的轨道和公交线路服务，加上居民非就地工作的比例较高。而江桥公交的比例只有30%，因为公交线路较少，加上居民以就地工作为主，所以助动车和自行车的比例达到37%。而小汽车的比率，与三个地区的家庭汽车拥有率基本一致，莘庄小汽车达到20%，江桥的小汽车使用率达到13.4%，三林只有6.8%，小汽车使用率与拥有率之间有密切的联系。由此可见：在大都市区的外围地区居民工作通勤的机动化率较高，在85%以上；交通方式选择与周边的交通条件之间存在密切的关系，公共交通发达的地区公交的比例可以达到60%以上；轨道交通比例的增加，相应的是地面公交方式的比例减少，两者形成互相代替的关系；公共交通不发达的地区，助动车的比例会比较高；小汽车的使用与拥有率相关，即使在轨道交通发达的地区，同样也存在高强度的小汽车使用水平（见表5-17）。

居民通勤活动的交通方式结构 表5-17

		轨道	公交	出租车	小汽车	助动车	自行车	步行	其他
江桥	样本	65	150	10	67	136	49	19	3
	比例	13.0%	30.1%	2.0%	13.4%	27.3%	9.8%	3.8%	0.6%
莘庄	样本	241	53	9	92	22	19	28	6
	比例	51.3%	11.3%	1.9%	19.6%	4.7%	4.0%	6.0%	1.3%
三林	样本	52	191	1	26	53	44	14	1
	比例	13.6%	50.0%	0.3%	6.8%	13.9%	11.5%	3.7%	0.3%

注：轨道交通是将整个出行内有使用轨道交通都纳入，公共汽车是在扣除轨道交通之外，所有包括公共汽车的出行都包括在内，助动车、自行车和步行是指完全地使用一种方式，不包括在接驳公交和轨道。市中心购物的数据为"内环线内"，大超市购物的数据为"所在社区和相邻社区"。

出行目的的不同空间区位对交通方式选择的影响。以莘庄为例，可以发现，随着与市中心的距离的变化，各种交通方式的选择呈现出规律性的变化。从距离社区较近的"内外环间"到较远的"内环线内"，轨道交通的比例快速增加，大约增加了25%，公交的比例急减18%，小汽车小幅增加，从与城市中心的距离比较来看，从距离较近的徐家汇副中心到较远的市中心，轨道交通的比例增加了20%，相应的是公交和助动车减少，进一步表明轨道交通与公交之间在不同距离的竞争关系（见表5-18）。可见，空间位置与交通条件对交通选择方式的影响，居民沿着轨道交通往市中心的方向出行，距离越长，使用轨道交通的比例越高，相应的是其他交通方式的减少。

			轨道	公交	出租车	小汽车	助动车	自行车	步行	其他	合计
空间层次	内环线内	样本	104	6	1	33	3	0	4	1	152
		比例	68.4%	3.9%	0.7%	21.7%	2.0%	0.0%	2.6%	0.7%	100.0%
	内外环间	样本	40	20	2	18	4	0	5	3	92
		比例	43.5%	21.7%	2.2%	19.6%	4.3%	0.0%	5.4%	3.3%	100.0%
	近郊区	样本	30	16	2	18	11	12	17	1	107
		比例	28.0%	15.0%	1.9%	16.8%	10.3%	11.2%	15.9%	0.9%	100.0%
	远郊区	样本	3	2	0	1	0	0	0	0	6
		比例	50.0%	33.3%	0.0%	16.7%	0.0%	0.0%	0.0%	0.0%	100.0%
空间位置	所在社区	样本	20	11	2	11	8	11	19	1	83
		比例	24.1%	13.3%	2.4%	13.3%	9.6%	13.3%	22.9%	1.2%	100.0%
	相邻社区	样本	12	11	1	6	4	1	2	1	38
		比例	31.6%	28.9%	2.6%	15.8%	10.5%	2.6%	5.3%	2.6%	100.0%
	市中心	样本	67	3	1	15	1	0	1	0	88
		比例	76.1%	3.4%	1.1%	17.0%	1.1%	0.0%	1.1%	0.0%	100.0%
	徐家汇副中心	样本	10	2	0	4	0	0	2	0	18
		比例	55.6%	11.1%	0.0%	22.2%	0.0%	0.0%	11.1%	0.0%	100.0%
	其他	样本	68	17	1	34	5	0	2	3	130
		比例	52.3%	13.1%	0.8%	26.2%	3.8%	0.0%	1.5%	2.3%	100.0%

　　地区特征和交通条件影响到轨道交通与公交的接驳方式和使用意愿。靠近地铁的莘庄工作通勤使用"步行＋轨道"的方式比例高达 67.2%，其次为"公交＋轨道"和"轨道＋公交"，原因是莘庄的居民使用公交到达轨道站和离开轨道站到达单位的时间基本相等，而江桥和三林的居民中以"公交＋轨

道"为主，原因是这两个地方的居民使用公交到达站点的时间太长。三地居民使用公交主要是以"步行＋公交"的方式为主，约为75%，这意味着步行范围内公交站点的可达性会影响到大部分居民使用公交的意愿，自行车和助动车接驳轨道交通的比例不高（见表5-19）。

居民工作通勤活动的轨道交通与公交构成　　　　表 5-19

		江桥		莘庄		三林	
		样本	比例	样本	比例	样本	比例
轨道	轨道			162	67.2%		
	自行车＋轨道	2	3.1%	2	0.8%	2	3.8%
	助动车＋轨道	2	3.1%	1	0.4%	1	1.9%
	公交＋轨道	27	41.5%	25	10.4%	25	48.1%
	轨道＋公交	2	3.1%	24	10.0%	0	0%
	地铁＋地铁	1	1.5%	7	2.9%	1	1.9%
	公交＋地铁＋公交	6	9.2%	1	0.4%	3	5.8%
	其他	25	38.5%	19	7.9%	20	38.8%
	合计	65	100%	241	100%	52	100%
公交	公交	112	74.7%	41	77.4%	145	75.9%
	自行＋公交	6	4.0%	5	9.4%	7	3.7%
	公交＋公交	9	6.0%	0	0%	17	8.9%
	其他	23	15.3%	7	13.2%	22	11.5%
	合计	150	100.0%	53	100.0%	191	100.0%

　　从不同地区出行时间来看，靠近轨道交通的莘庄与不靠近轨道交通的江桥、三林呈现出不一样的规律，在 0 ～ 30min 的范围内，莘庄的比例为50%，低于其他两地约 10%；在 30 ～ 60min 的范围内，莘庄的比例为38%，高出江桥15%，高出三林25%；在 60min 以上的范围内，莘庄的比例为10%，低于江桥8%，低于三林16%。由于莘庄大部分的居民工作通勤依靠轨道交通，多数的出行在 30 ～ 60min 可以到达就业中心。而江桥就地工作和长距离通勤依靠公交的特点，江桥公交基本上都是沿曹安公路到内环线，决定了出行集中在 45min 内，而在 60 ～ 90min 的区间，是内环线内的位置，出行比例约为 16%；三林的居民长距离出行依靠公交，所以呈现出时间增加，

比例减少的规律，而在 75 ~ 120min 的范围内，比例反而增加（见表 5-20）。由此可以看到，通勤活动出行时间的分布与所在地区的交通条件和居民住房选择性有关系。多数莘庄居民可以在一个小时内完成通勤，莘庄居民的出行比例从 45min 以上就呈现递减的态势；江桥和三林有 20% 左右的居民需要一个小时的通勤时间，反映出在迁居之后，一部分居民的工作岗位离居住地点很远，通勤时间过长。

居民工作通勤活动的交通时间结构　　　　　　　　　　表 5-20

时间（min）		0 ~ 15	16 ~ 30	31 ~ 45	46 ~ 60	61 ~ 75	76 ~ 90	91 ~ 120	>120	合计
江桥	样本	273	129	134	22	70	40	0	12	680
	比例	40.1%	19.0%	19.7%	3.2%	10.3%	5.9%	0.0%	1.8%	100.0%
	累计	40.1%	59.1%	78.8%	82%	92.3%	98.2%	98.2%	100%	
莘庄	样本	211	119	210	32	48	16	0	2	638
	比例	33.1%	18.7%	32.9%	5.0%	7.5%	2.5%	0.0%	0.3%	100.0%
	累计	33.1%	51.8%	84.7%	89.7%	97.2%	99.7%	99.7%	100%	
三林	样本	352	63	33	57	30	73	53	20	681
	比例	51.7%	9.3%	4.8%	8.4%	4.4%	10.7%	7.8%	2.9%	100.0%
	累计	51.7%	61%	65.8%	74.2%	78.6%	89.3%	97.1%	100%	

通勤活动中不同区位和交通方式到达市中心的时间差异也能够反映出与居民在市中心就业的比例有关系。莘庄的轨道交通和小汽车到达市中心的比例集中在 30 ~ 45min，公交车集中在 61 ~ 75min；江桥的轨道交通和公交方式集中在 61 ~ 75min，小汽车集中在 30 ~ 35min；三林的轨道方式和公交方式集中在 60 ~ 90min 的范围内，小汽车集中在 30 ~ 45min（见表 5-21）。莘庄的轨道交通和公交之间差别较大，所以长距离的出行以轨道为主，三林和江桥使用轨道换乘和公交车的时间差不多，其中江桥从长宁路到地铁 2 号线中山公园站到市中心比较顺路，而三林通过公交过黄浦江相比通过地铁 2 号线换乘方便，所以江桥使用轨道的比例高于三林。小汽车不管在什么区域都具有绝对的优势，这个从小汽车的拥有率和使用率一致上可以体现出来。

不同交通方式的出行时间和空间距离。以莘庄为例，步行出行时间多数的出行集中在 15min 以内，自行车的出行多数集中 30min 以内，助动车的时间集中在 45min 以内。公共交通的出行多集中在 31 ~ 60min，轨道交通的出行集中在 30 ~ 45min 的区间；小汽车的出行集中在 15 ~ 45min 的区间。考虑到每种交通方式的速度，可以认为，多数步行和自行车等非机动化方式的出行时间集中在 30min 以内，多数的私人机动化方式的出行时间集中在 45min 以内，多数的公共交通的出行集中在 60min 以内（见表 5-22）。交通方式的出行范围与人的承受能力之间有一定的联系。

通勤活动中使用不同交通居民到市中心的交通时间比较 表 5-21

时间 (min)			0 ~ 15	16 ~ 30	31 ~ 45	46 ~ 60	61 ~ 75	76 ~ 90	91 ~ 120	>120	合计
江桥	轨道	样本	0	0	3	2	8	1	0	0	14
		比例	0.0%	0.0%	21.4%	14.3%	57.1%	7.1%	0.0%	0.0%	100.0%
	公交	样本	0	0	7	0	9	3	0	4	23
		比例	0.0%	0.0%	30.4%	0.0%	39.1%	13.0%	0.0%	17.4%	100.0%
	小汽车	样本	0	0	5	0	0	0	0	0	5
		比例	0.0%	0.0%	100.0%	0.0%	0.0%	0.0%	0.0%	0.0%	100.0%
莘庄	轨道	样本	2	1	45	8	9	1	0	1	67
		比例	3.0%	1.5%	67.2%	11.9%	13.4%	1.5%	0.0%	1.5%	100.0%
	公交	样本	0	0	0	0	2	1	0	0	3
		比例	0.0%	0.0%	0.0%	0.0%	66.7%	33.3%	0.0%	0.0%	100.0%
	小汽车	样本	0	2	11	1	1	0	0	0	15
		比例	0.0%	13.3%	73.3%	6.7%	6.7%	0.0%	0.0%	0.0%	100.0%
三林	轨道	样本	1	1	0	0	2	2	2	0	8
		比例	12.5%	12.5%	0.0%	0.0%	25.0%	25.0%	25.0%	0.0%	100.0%
	公交	样本	0	0	3	11	9	25	17	0	65
		比例	0.0%	0.0%	4.6%	16.9%	13.8%	38.5%	26.2%	0.0%	100.0%
	小汽车	样本	0	2	6	1	0	0	0	0	9
		比例	0.0%	22.2%	66.7%	11.1%	0.0%	0.0%	0.0%	0.0%	100.0%

莘庄居民在通勤中不同交通方式的交通时间结构 表 5-22

时间 (min)		0 ~ 15	16 ~ 30	31 ~ 45	46 ~ 60	61 ~ 75	76 ~ 90	91 ~ 120	>120	合计
轨道	样本	14	45	139	22	31	9	2	0	262
	比例	5.3%	17.2%	53.1%	8.4%	11.8%	3.4%	0.8%	0.0%	100.0%
公交	样本	6	17	25	4	4	4	0	0	60
	比例	10.0%	28.3%	41.7%	6.7%	6.7%	6.7%	0.0%	0.0%	100.0%

时间 (min)		0～15	16～30	31～45	46～60	61～75	76～90	91～120	>120	合计
出租车	样本	3	0	6	0	0	0	0	0	9
	比例	33.3%	0.0%	66.7%	0.0%	0.0%	0.0%	0.0%	0.0%	100.0%
小汽车	样本	8	37	31	6	9	1	0	0	92
	比例	8.7%	40.2%	33.7%	6.5%	9.8%	1.1%	0.0%	0.0%	100.0%
助动车	样本	7	9	5	0	2	0	0	0	23
	比例	30.4%	39.1%	21.7%	0.0%	8.7%	0.0%	0.0%	0.0%	100.0%
自行车	样本	8	9	3	0	0	0	0	0	20
	比例	40.0%	45.0%	15.0%	0.0%	0.0%	0.0%	0.0%	0.0%	100.0%
步行	样本	19	5	2	1	2	0	0	0	29
	比例	65.5%	17.2%	6.9%	3.4%	6.9%	0.0%	0.0%	0.0%	100.0%

（3）社会经济特征与交通模式

以上更多是从空间结构的角度分析交通模式特征，为了能够更进一步地了解居民活动的特征，以下以莘庄为例，研究社会经济特征与通勤模式的关系。首先研究社会经济特征与交通方式构成的关系。从性别来看，女性使用轨道交通、公交和步行的比例分别高于男性的比例为8.9%、6.6%和2.9%，合约18.4%，而男性使用小汽车的比例高于女性18%，体现出有车家庭中，以男性使用小汽车为主，扣除使用小汽车的样本，男女使用轨道和公交的差别不大。从年龄特征来看，使用轨道交通和公交的比例随着年龄的增加，先降后升，学生和老年人使用轨道交通的比例达到80%以上，中青年约占60%，而相反的中青年使用小汽车的比例约为20%，其中20～44年龄段的就业者在代表着长距离出行的轨道交通和小汽车的比例高于45～59年龄段的就业者。从收入来看，收入水平影响到居民通勤的机动化率，收入水平提高，机动化率递增。随着收入水平提高，公交和助动车比例递减，小汽车比例增加，轨道交通先增后减。其中月收入低于1000的就业者使用助动车、自行车和步行的比例高达63.7%，这部分人使用公交和轨道的比例只有22.7%，从低于1000元到1000～2500元，机动化率提高了30%，主要是轨道交通和公交的比例显著上升，助动车、自行车和步行的大幅减少。月收入2500元的就业者，机动化水平维持在90%左右，体现出小汽车比例的大幅增加和轨道、公交的减少，公交的减少幅度大于轨道。从性别、年龄和收入等特征看居民的出行方式结构可以发现，男性、中青年、中高收入者的机动性较强，轨道交通是多数居民通勤使用的通勤方式，低收入阶层使用轨道交通的能力较弱，老年人使用轨道和公交高达 85%（见表 5-23）。需要看到的是低收入阶层无法使用轨道交通内在的原因是低收入阶层因为无法承担轨道站点旁边的高房价，所以居住在缺少地铁的区域。

莘庄居民通勤活动中的社会经济特征与交通方式结构　　　　表 5-23

	时间 (min)		轨道	公交	出租车	小汽车	助动车	自行车	步行	其他	
性别	男	样本	130	24	5	72	13	11	12	4	271
		比例	48.0%	8.9%	1.8%	26.6%	4.8%	4.1%	4.4%	1.5%	100.0%
	女	样本	132	36	4	20	10	9	17	4	232
		比例	56.9%	15.5%	1.7%	8.6%	4.3%	3.9%	7.3%	1.7%	100.0%
年龄（岁）	13 ~ 19	样本	16	4	0	0	1	1	1	1	24
		比例	66.7%	16.7%	0.0%	0.0%	4.2%	4.2%	4.2%	4.2%	100.0%
	20 ~ 44	样本	171	33	6	66	15	10	14	5	320
		比例	53.4%	10.3%	1.9%	20.6%	4.7%	3.1%	4.4%	1.6%	100.0%
	45 ~ 59	样本	66	20	3	25	7	8	14	2	145
		比例	45.5%	13.8%	2.1%	17.2%	4.8%	5.5%	9.7%	1.4%	100.0%
	> 60	样本	9	3	0	1	0	1	0	0	14
		比例	64.3%	21.4%	0.0%	7.1%	0.0%	7.1%	0.0%	0.0%	100.0%
收入水平（元）	<1000	样本	4	1	0	3	4	6	4	0	22
		比例	18.2%	4.5%	0.0%	13.6%	18.2%	27.3%	18.2%	0.0%	100.0%
		累计	18.2%	22.7%	22.7%	36.3%	54.5%				

时间 (min)			轨道	公交	出租车	小汽车	助动车	自行车	步行	其他	
收入水平 (元)	1000 ~ 2500	样本	42	27	1	7	13	7	9	0	106
		比例	39.6%	25.5%	0.9%	6.6%	12.3%	6.6%	8.5%	0.0%	100.0%
		累计	39.6%	65.1%	66%	72.6%	84.9%				
	2501 ~ 4000	样本	80	17	4	18	3	1	7	1	131
		比例	61.1%	13.0%	3.1%	13.7%	2.3%	0.8%	5.3%	0.8%	100.0%
		累计	61.1%	74.1%	77.2%	90.9%	93.2%				
	4001 ~ 8000	样本	74	7	2	34	2	3	7	5	134
		比例	55.2%	5.2%	1.5%	25.4%	1.5%	2.2%	5.2%	3.7%	100.0%
		累计	55.2%	60.4%	61.9%	87.3%	88.8%				
	> 8000	样本	37	1	2	30	0	1	1	0	72
		比例	51.4%	1.4%	2.8%	41.7%	0.0%	1.4%	1.4%	0.0%	100.0%
		累计	51.4%	52.8%	55.6%	97.3%	97.3%				

其次是社会经济特征与交通时间的关系。从性别来看,女性在0 ~ 15min 短时间的通勤高于男性,而在其他较长时间的出行中,男性的比例较高,女性每天花在通勤上的时间整体上低于男性。从年龄层次来看,在45min 以内,随着出行时间增加,比例也在增加,在45min 以上开始递减,反映出居住地点与市中心主要就业地点之间的整体关系。从收入水平来看,在0 ~ 15min 的出行范围内,收入水平越高,比例越低;在15 ~ 60min 的区间内,随着收入水平递增,占的比例越多。月收入2500 元以内的居民,通勤时间集中在0 ~ 30min 的区间;月收入高于2500 元的居民,集中在15 ~ 45min 的区间,可以看出,收入水平较高的就业岗位集中在距离市中心30 ~ 35min 的地区,

也就是徐家汇到人民广场的区间（见表5-24）。从以上比较可以看出，不同社会经济特征的人群在通勤模式上有明显的差异。低收入、弱势群体的机动性明显较差，这个也会相应地影响到他们的就业能力和收入水平。城市公共政策需要针对这一部分的特点，出台相应的扶助措施。

莘庄不同社会经济特征居民在通勤活动中的交通时间结构 　　　　表 5-24

时间（min）			0～15	16～30	31～45	46～60	61～75	76～90	91～120	>120	合计
性别	男	样本	82	73	124	16	31	10	1	0	337
		比例	24.3%	21.7%	36.8%	4.7%	9.2%	3.0%	0.3%	0.0%	100.0%
	女	样本	142	55	103	17	19	7	1	0	344
		比例	41.3%	16.0%	29.9%	4.9%	5.5%	2.0%	0.3%	0.0%	100.0%
年龄（岁）	13～19	样本	5	8	10	0	1	0	0	0	24
		比例	20.8%	33.3%	41.7%	0.0%	4.2%	0.0%	0.0%	0.0%	100.0%
	20～44	样本	37	84	134	25	33	5	2	0	320
		比例	11.6%	26.3%	41.9%	7.8%	10.3%	1.6%	0.6%	0.0%	100.0%
	45～59	样本	24	33	59	8	14	7	0	0	145
		比例	16.6%	22.8%	40.7%	5.5%	9.7%	4.8%	0.0%	0.0%	100.0%
	>60	样本	1	0	11	0	0	2	0	0	14
		比例	7.1%	0.0%	78.6%	0.0%	0.0%	14.3%	0.0%	0.0%	100.0%
收入（元）	<1000	样本	36	4	2	2	5	0	1	0	50
		比例	72.0%	8.0%	4.0%	4.0%	10.0%	0.0%	2.0%	0.0%	100.0%
	1000～2500	样本	114	28	42	7	9	3	0	0	203
		比例	56.2%	13.8%	20.7%	3.4%	4.4%	1.5%	0.0%	0.0%	100.0%
	2501～4000	样本	26	34	64	6	16	6	0	0	152
		比例	17.1%	22.4%	42.1%	3.9%	10.5%	3.9%	0.0%	0.0%	100.0%
	4001～8000	样本	20	32	66	13	9	2	0	0	142
		比例	14.1%	22.5%	46.5%	9.2%	6.3%	1.4%	0.0%	0.0%	100.0%
	>8000	样本	3	20	35	3	8	5	1	0	75
		比例	4.0%	26.7%	46.7%	4.0%	10.7%	6.7%	1.3%	0.0%	100.0%

（4）轨道站点与交通模式

轨道交通是未来大城市交通建设的重要内容，为了进一步比较轨道交通对于交通的模式的影响，将莘庄调查小区根据500m的间距分成几档，以比较不同距离下小区的居民通勤的出行模式。

交通工具与支出。与轨道站点的距离对交通工具拥有率和交通支出的影响。以莘庄为例，空间距离与助动车正相关，从500m增加到1000m，拥有率增加了4%。而自行车的比率则是先增后减，说明从1000m增加到2000m的过程，部分居民不选择使用自行车，这个也反映出地铁站前的环境不鼓励自行车这种节能的交通工具拥有和使用，特别是在一个自行车广泛使用的大城市。而地铁站周边小区小汽车的拥有情况，则更多的是收入水平相关，年收入 10 万以下的家庭汽车拥有率在 30% 左右，10 ~ 20 万的家庭达到 60%，20 万以上的家庭达到 100%（见表 5-25）。这也反映出收入水平与机动车的拥有和机动性成正比。居民整体收入最高的莘庄地区机动车家庭拥有率和交通开支最高，并且汽油费占有车家庭全部开支的比例高，助动车和自行车的拥有率与地铁的距离有关系。从莘庄的地铁费和汽油费也表明，靠近地铁的小区居民因为可以方便地使用地铁，所以地铁费用较高。这部分家庭收入水平和小汽车拥有率最高，平时汽油费也更高。

居住小区距离地铁站点距离与交通工具拥有情况　　　　表 5-25

距地铁站的距离	小区	小汽车	助动车	自行车
500m	B1、B2、B6、B7、B8	45.3%	22.9%	57.5%
1000m	B4、B5	21.6%	27.0%	67.6%
2000m	B3	34.8%	28.3%	43.5%

距离站点距离与交通结构。站点的距离对轨道交通方式选择的影响。以梅陇站为例，B1、B2 小区距离地铁站约 500m，B3 小区约 1500m，轨道交通的比例从 57.9% 减少到 39.7%。莘庄站 0 ~ 500m 内轨道交通比例少于 500 ~ 1000m 的比例，这与 0 ~ 500m 范围内的小汽车比例高有关（见表 5-26）。可见，居住小区与地铁的距离与居民通勤轨道方式比例负相关，与公交方式正相关。随着与站点的距离增加，轨道交通的比例减少，公交和助动车的使用比例增加，步行的比例减少。

与轨道站点不同距离的莘庄居民通勤活动的交通方式结构　　　　表 5-26

			轨道	公交	出租车	小汽车	助动车	自行车	步行	其他	合计
梅陇站 (m)	0 ~ 500	样本	77	14	4	25	3	0	8	2	133
		比例	57.9%	10.5%	3.0%	18.8%	2.3%	0.0%	6.0%	1.5%	100.0%
	1000 ~ 1500	样本	25	14	1	12	6	1	3	1	63
		比例	39.7%	22.2%	1.6%	19.0%	9.5%	1.6%	4.8%	1.6%	100.0%
莘庄站 (m)	0 ~ 500	样本	92	12	4	47	8	14	15	3	195
		比例	47.2%	6.2%	2.1%	24.1%	4.1%	7.2%	7.7%	1.5%	100.0%
	500 ~ 1000	样本	47	13	0	8	5	4	2	0	79
		比例	59.5%	16.5%	0.0%	10.1%	6.3%	5.1%	2.5%	0.0%	100.0%

接驳方式。居住小区与地铁的距离影响到居民通勤轨道的接驳方式。在 1000m 以内，居民采用"步行 + 轨道"的比例约为 70%，而在 1500m 左右，这个比例急减至 12%，大量的居民使用"公交 + 轨道"的方式（见表 5-27）。由此可见，随着与轨道的距离增加，步行到站点的比例减少，公交的比例增加，而自行车和助动车到站点的比例低，且变化不大。居民使用自行车接驳比例较低与家庭拥有自行车比例较低也有关系。

与轨道站点不同距离的莘庄居民通勤活动的接驳方式　　　　　表 5-27

			地铁	地铁 + 地铁	地铁 + 公交	公交 + 地铁	自行车 + 地铁	助动车 + 地铁	其他	合计
梅陇站 (m)	0 ～ 500	样本	55	3	5	6	0	0	8	77
		比例	71.4%	3.9%	6.5%	7.8%	0	0.0%	10.4%	100.0%
	1000 ～ 1500	样本	3	1	5	10	0	1	5	25
		比例	12.0%	4.0%	20.0%	40.0%	0	4.0%	20.0%	100.0%
莘庄站 (m)	0 ～ 500	样本	72	3	10	2	1	0	4	92
		比例	78.3%	3.3%	10.9%	2.2%	1.1%	0	4.3%	100.0%
	500 ～ 1000	样本	32	0	4	7	1	0	3	47
		比例	68.1%	0.0%	8.5%	14.9%	2.1%	0	6.4%	100.0%

莘庄地铁站建设对周边地区住房发展的带动是轨道交通与土地联合开发的经典案例，从轨道交通站点不同距离居民的出行模式反映出来的特征对其他站点地区的规划有参考意义。

5. 购物活动分析

随着大城市社会经济发展，居民除了工作以外，购物、娱乐等活动的比重会更多。居民市中心和大超市购物活动是工作通勤之外居民的主要出行活动，可以进一步反映出居民的出行规律与城市结构的关系。

（1）大超市购物活动分析

购物次数。从居民每月的大超市购物来看，莘庄有购物的比例大约为 90%，高出三林接近 7%，多次次数的比例也比三林和江桥高出许多，说明莘庄的居民出行能力较强，超市设施也比较方便（见表 5-28）。

购物地点。大超市购物是居民日常生活的主要部分，大超市的分布情况影响到居民的出行和交通方式。居民的购物活动主要是在所在社区和相邻社区范围内，莘庄在所在社区购物的比例达到 33.9%，三林达到 46.5%，而江桥只有 9.1%，说明江桥的大超市数量较少，居民要购物得到其他相邻的社区去，这个与江桥的公共设施比较不够完善有关（见表 5-29）。

交通方式。从到大超市购物的交通方式来看，莘庄步行的比例为55%、自行车为8.3%、助动车为6.5%，小汽车为14%；三林地区有比较好的超市班车，所以班车的比例较高，而江桥靠近曹安商圈，交通方式比较分散，公交、助动车、自行车和步行的比例递减（见表5-30）。小汽车的使用率与家庭拥有率之间比较一致，所在社区和相邻社区大超市的布局和交通服务影响到购物的出行方式构成，莘庄的超市分布较为合理，居民出行使用步行的比例最高。

出行时间。莘庄和三林的大超市有98%是集中30min以内的，其中莘庄在15min以内的高达87.2%，说明轨道站点周边的商业开发非常发达，居民多数的出行都在很短的时间内，这与55%的步行比例是密切相关的。而江桥的购物时间分布相对分散，集中在30～60min区间，这个与江桥居民的助动车、自行车和公交比例是相应的（见表5-31）。

居民每月大超市购物次数比较　　　　　表 5-28

	5 次以上	4 次	3 次	2 次	1 次	无	合计
莘庄	24.2%	27.5%	8.2%	18.6%	12.2%	9.3%	100.0%
江桥	4.9%	8.1%	10.9%	28.8%	35.9%	11.4%	100.0%
三林	15.7%	19.1%	9.5%	17.9%	21.6%	16.2%	100.0%

居民大超市购物的空间分布　　　　　表 5-29

	江桥		莘庄		三林	
	样本	比例	样本	比例	样本	比例
所在社区	14	9.1%	136	33.9%	260	46.5%
相邻社区	140	90.9%	265	66.1%	293	52.4%
其他		0		0		1.1%

居民出行活动的交通方式结构　　　　　表 5-30

		轨道	公交	出租车	小汽车	助动车	自行车	步行	其他
江桥	样本	2	33	1	24	28	20	12	31
	比例	1.3%	21.9%	0.7%	15.9%	18.5%	13.2%	7.9%	20.5%
莘庄	样本	5	12	8	39	18	23	153	20
	比例	1.8%	4.3%	2.9%	14.0%	6.5%	8.3%	55.0%	7.2%
三林	样本	5	7	1	16	14	18	3	232
	比例	1.7%	2.4%	0.3%	5.4%	4.7%	6.1%	1.0%	78.4%

居民大超市购物的交通时间结构　　　　　　　　　　　　表 5-31

大超市购物 (min)		0 ~ 15	16 ~ 30	31 ~ 45	46 ~ 60	61 ~ 75	76 ~ 90	91 ~ 120	>120	合计
江桥	样本	26	88	14	13	0	0	0	0	141
	比例	18.4%	62.4%	9.9%	9.2%	0.0%	0.0%	0	0	100.0%
莘庄	样本	375	48	3	3	1	0	0	0	430
	比例	87.2%	11.2%	0.7%	0.7%	0.2%	0.0%	0	0	100.0%
三林	样本	351	201	4	3	0	1	0	0	560
	比例	62.7%	35.9%	0.7%	0.5%	0.0%	0.2%	0	0	100.0%

注：大超市购物的数据为"所在社区和相邻社区"。

从三地居民的大超市购物方式比较可以看出（见图 5-12），社区周边的公共服务设施配套（超市）是否完善，会影响到居民的日常购物行为。莘庄的超市设施分布比较合理，居民可以在较短时间内使用步行的交通方式到达，所以居民的购物频率会比较高。而江桥的大超市相对较差，也影响到居民的购物频率，居民需要使用公交、助动车、自行车等才能达到大超市。而三林居民到相邻社区购物的比例较高，与超市班车比较发达有关。

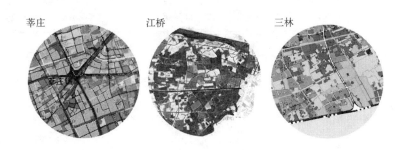

莘庄　　　　　　　江桥　　　　　　　三林

图 5-12　调查地区周边超市分布图

（2）市中心购物活动分析

购物次数。从到市中心购物的比例来看，大约有 75% ~ 80% 的居民每个月会去市中心购物，购物人群的比例低于大超市购物。每个月的次数集中在 1 次和 2 次。莘庄居民出行的次数高于其他两地，三林的出行次数高于江桥（见表 5-32）。一方面是因为莘庄的居民收入水平较高，到市中心购物的需求更大；另一方面三林的居民多数是从市中心迁出来的，所以习惯到市中心购物，而江桥的居民以当地的居民为主，所以到市中心购物的频率相对较低。

居民每月到市中心购物次数比较　　　　　表 5-32

	地区	5 次以上	4 次	3 次	2 次	1 次	无	合计
市中心	莘庄	2.2%	7.5%	7.5%	24.7%	37.3%	20.9%	100.0%
	江桥	2.7%	1.5%	4.4%	15.4%	51.4%	24.6%	100.0%
	三林	4.7%	6.2%	4.2%	15.4%	46.3%	23.2%	100.0%
大超市	莘庄	24.2%	27.5%	8.2%	18.6%	12.2%	9.3%	100.0%
	江桥	4.9%	8.1%	10.9%	28.8%	35.9%	11.4%	100.0%
	三林	15.7%	19.1%	9.5%	17.9%	21.6%	16.2%	100.0%

购物地点。统计显示，迁居之后整体上只有 14% 以上的人改变了购物地点，说明城市居民对于城市中心的认可程度以及以人民广场为核心的城市中心区在居民的购物活动中的重要地位。莘庄居民在迁居之后改变购物地点的比例最高，达到 18%，主要原因是有部分居民从人民广场转向了徐家汇，人民广场加上徐家汇的比例达到 87.4%。而江桥和三林主要是集中在市中心，比例为 50% ～ 60%（见表 5-33，表 5-34）。由此可以看出，徐家汇副中心在一些方面已经能够分担了市中心的功能和客流，莘庄与徐家汇和市中心之间的空间关系和轨道交通的联系方式，也是徐家汇能够承担较高比例的人流的有力保证。

迁居与居民市中心购物变动情况　　　　　表 5-33

购物地点	整体		江桥				莘庄		三林			
			商品房		配套房		商品房		商品房		配套房	
	样本	比例	样本	比例	样本	比例	样本	比例	样本	比例	样本	比例
改变	240	13.9%	43	12.5%	21	9.5%	101	17.9%	10	6.9%	65	14.2%
没变	1492	86.1%	300	87.5%	201	90.5%	464	82.1%	134	93.1%	393	85.8%

市中心与城市中心区的关系　　　　　表 5-34

	江桥		莘庄		三林	
	样本	比例	样本	比例	样本	比例
市中心	187	44.7%	96	35.7%	297	53.1%
徐家汇副中心	30	7.2%	139	51.7%	38	6.8%
其他	201	48.1%	34	12.6%	224	40.1%

从市中心购物比例的空间分布来看（见图 5-13），江桥的市中心购物体现出沿曹安路和长宁路的带状分布，在内环内空间上靠近江桥的西北侧，相对均匀；莘庄主要集中在沿 1 号线的点状分布，徐家汇、淮海路、人民广场三个点高度集中；三林受黄浦江的影响较大，从南浦大桥下来之后呈现放射状，沿西藏南路向北，沿淮海路向西的带状空间，内环内集中在空间上靠近三林的东南侧。市中心购物的空间分布显示出与交通条件和路径之间的密切关系，轨道交通在速度和运量上的优势，使得市中心购物地点呈现点轴式发展的趋势明显，而基于地面道路的购物地点分布则呈现沿主要道路相对均匀的分布，三林地区更是体现出河流分割的特征。

图 5-13　市中心购物的空间分布与城市中心的关系

交通方式。从市中心购物的交通方式来看，形成以公交为主、小汽车为辅的市中心购物的交通方式结构。莘庄居民到市中心购物的比例中，轨道交通约占 75%；三林居民使用公交的比例高达 83.6%，公交线路与站点比较分散的特征与购物地点放射状的特征吻合；江桥介于莘庄和三林之间，居民使用公交换乘轨道交通的比例达到 23.9%（见表 5-35）。可以看出，莘庄与市中心之间发达的轨道交通联系是居民到市中心出行的有力支撑，三林发达的公交线路也是居民高比例搭乘公交的原因，而江桥的公交线路减少，也没有直达市中心的线路，所以居民采用公交的比例较低，换乘轨道交通的比例也比较高。

出行时间。莘庄到市中心购物的时间在 15 ~ 60min 区间，占 91.8%，并且随时间增加，比例递减；江桥到市中心购物的时间在 30 ~ 120min 区间，占 95.1%，并且随时间增加，呈波峰波谷状，波峰一是 45 ~ 60min 区间的中山公园和武宁路商圈位置，比例达到 28.2%，波峰二是 75 ~ 90min 区间为人民广场位置，比例达到 29.6%；三林到市中心购物的时间在 30 ~ 120min 区间，占 89%，并且随时间增加，呈波峰波谷状（见表 5-36）。可以看出，莘庄地区有轨道交通服务，加上靠近徐家汇副中心，所以居民的出行时间较短。而江桥与市中心之间的联系不方便，需通过公交换乘，所以居民的出行时间普遍较高。

居民市中心购物出行活动的交通方式结构 表 5-35

		轨道	公交	出租车	小汽车	助动车	自行车	步行	其他
江桥	样本	68	159	12	35	8	3	0	0
	比例	23.9%	55.8%	4.2%	12.3%	2.8%	1.1%	0.0%	0.0%
莘庄	样本	175	19	3	29	2	0	2	4
	比例	74.8%	8.1%	1.3%	12.4%	0.9%	0.0%	0.9%	1.7%
三林	样本	17	316	3	24	10	1	3	4
	比例	4.5%	83.6%	0.8%	6.3%	2.6%	0.3%	0.8%	1.1%

居民市中心购物的交通时间结构 表 5-36

时间 (min)		0～15	16～30	31～45	46～60	61～75	76～90	91～120	>120	合计
江桥	样本	0	11	41	81	36	85	30	3	287
	比例	0.0%	3.8%	14.3%	28.2%	12.5%	29.6%	10.5%	1.0%	100.0%
莘庄	样本	12	129	63	23	0	6	1	0	234
	比例	5.1%	55.1%	26.9%	9.8%	0.0%	2.6%	0.4%	0.0%	100.0%
三林	样本	8	28	28	140	27	98	44	5	378
	比例	2.1%	7.4%	7.4%	37.0%	7.1%	25.9%	11.6%	1.3%	100.0%

注：市中心购物的数据为"内环线内"。

市中心购物活动的频率、地点和交通方式、时间的规律，有助于分析居民到市中心购物行为与城市中心体系之间的关系，以及城市中心的交通联系如何影响到居民的购物出行活动所采取的出行方式。莘庄与市中心之间便捷和快速的轨道联系，靠近徐家汇副中心，居民可以在更短的时间内到达市中心，所以具有较高的出行频率和轨道交通比例，较短的出行时间；而三林具有发达的公交线路，加上动迁居民与市中心有密切的联系，所以居民使用公交到市中心的比例较高，出行时间受到河流分隔的影响较大，出行时间较长；江桥的公交线路不够发达，居民以所在社区迁居为主，居民到市中心活动的频率较低，使用公交的比例较低，换乘轨道的比例较高，出行时间较长。

6. 主要结论

阿隆索的"互换理论"提出人口居住与交通有密切的联系，级差地租下的住房区位和价格曲线影响到居民的住房选择和人口空间分布，不同收入水平的居民在住房支出和交通支出之间寻找平衡。由于大部分的经济活动集中在中央核心地区，大城市外围地区居民都需要到中心区就业和购物。一个家庭在选择住宅时，既要考虑土地和房屋费用的大小，又要考虑从住宅到中心区的通勤的交通费用和机会成本。通勤者对交通方式选择时，选择的将会是交通总成本（时间成本和货币成本之和）最低的交通方式。在交通可达性、收入水平、土地布局等多重因素的影响下，不同社会阶层居民对于居住生活模式和工作、购物、娱乐等方式选择的差异，会导致居住空间、活动规律和出行空间分布的差异。本次调查得出的数据结果与"互换理论"基本原理是一致的，有几点是特定的发展背景下呈现出来的特征：

（1）居民迁居的主要理由以家庭改善生活环境为主，房屋价格是重要的影响因素。我国长期的计划经济体制下建设和分配的住房生活条件相对较差，随着收入水平提高和市场上可供选择的住房类型增加，一部分经济上能够承受的家庭会选择购买面积更大、环境更好的新住房。城市化背景下人口规模增加和收入水平提高的居民改善生活环境的需求是大城市住房发展的巨大动力。因为中心区内公共设施和就业岗位集中，所以越是靠近中心区的住房价格越高。

（2）城市人口流动就是依托迁居来实现的，不同社会阶层的人在扩散过程同质集聚，住房建设和迁居行为导致居住空间分异。迁居行为是人口流动的体现，会改变大城市的居住空间结构。在边缘区购买住房的家庭以原先居住在城市中心区内的有户籍的家庭为主，外来人口购房的比例不高。

（3）城市中心和联系通道影响居民住房区位选择，呈现出轴式向外扩展趋势（见图5-14）。中心区集中的经济活动使得居民的迁居选择需要考虑住房与中心区的局列和交通联系，所以居民住房选择的特点就是以现有住房沿与中心区联系的通道向外。因为越是远离中心区的住房价格越低，所以收入水平越低的家庭，选择的住房就距离市中心越远。人口居住空间外迁和就业岗位不变的特点，决定了居住—就业关系仍然是"强向心式"的。迁居是居民在综合考虑就业、住房价格和通勤模式的基础上作出的选择，社会经济特征决定了居民的选择性。

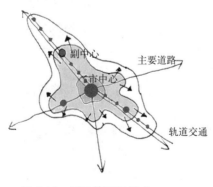

图5-14　居民的迁居模式

（4）住区布局与居民就业、购物活动规律之间的联系。土地混合使用被认为是提高就业平衡的重要措施，不过对于平衡程度需要有客观的认识。不管是莘庄或者三林就地工作的比例都不到20%，因为这里的居民都是从中心城搬出来的，他们的工作都是在中心城内，希望通过就地创造适合于当地居民的就业岗位，并不是很容易的事情。江桥35%的就地工作比例的主要原因是相当大部分的样本家庭是本地动拆迁的住户，这些人主要是与所在城镇之间发生关系。住区的公共服务设施对于居民日常活动有着密切的关系，完善的服务设施可以让居民生活更加方便，也可以鼓励步行和自行车方式。三林地区的住区因为还处于开发建设阶段，所以各种服务设施还不完善，所以一些居民的日常活动会不太方便。

大城市空间规划的重要目标是人口疏散和居住就业平衡，从本次调查可以看到，就业—居住平衡既需要数量层面上的，也有质量层面上的平衡，就业—居住平衡更多的是一种规划措施而非管理措施，不光是实现工作机会与住房单元在数量上的基本均等，尤为重要的是在一个社区的就业机会应与该社区内的劳动力素质和技能相匹配。只有社区内住房的价格、大小和位置与就业人员的需求相吻合，才能促进这一目标，而要做到这一点，是很难的。城市空间规划要改善和提高一个地区的就业能力，促进可持续交通，更好的方式应该是在就业地点和居住地点之间有边界的对外交通联系，特别是大运量快速公交或者轨道交通联系，引导大都市区的居住和就业空间发展，通过设置有大运量公交的发展走廊作为增长空间，引导居民使用公交方式通勤和其他活动。

三、住区发展与规划策略

以上的居民出行调查为大城市住房建设与迁居活动提供了基本信息，迁居选择引导了不同社会阶层在大都市区不同空间层次的分布，并由此影响到各种出行活动，而已有的中心体系、道路交通条件、土地使用和住房特征等会影响到这些活动的强度和分布以及居民的交通模式。为了能够引导人口空间分布，促进交通可持续发展，以下从大都市区和社区层面提出规划应对策略：

1. 大都市区层面的规划策略

（1）区域层面协调居住用地供给，满足住房刚性需求和弹性空间

交通条件是影响住房价格和家庭分布的原因，同时也是政府可以用来引导人口空间分布的重要手段，这些用地的数量和分布需要在区域层面得到平衡。住房需求的内因是人口规模增长和居民改善生活环境，当这种需求无法通过中心城有限的存量土地再开发得到满足时，就需要在中心城外围建造大规模的住房，这些住房需要从区域层面得到合理安排。

大都市区空间规划对于居住用地的考虑，需要建立在对大都市区住房需求和房地产开发特点的基础上，而不仅仅是严格按照人口规模，在各个片区和城镇作均匀分布。以往规划实践的经验表明，缺少区域统筹和弹性安排的居住用地布局，最后结果通常是中心城的规模不足，而新城和其他城镇则过剩。当然，居住用地供给的问题不仅仅与空间规划有关，与城市规划和土地管理关系更加密切，不过至少在空间规划层面要充分考虑到住房需

求及其供给特征。城市规划确定的居住用地布局和理念需要在专门编制的住房发展规划中进一步得到实施和体现，也要跟城市每年的居住用地出让计划和房地产项目开发结合起来。

（2）推动大都市区轨道交通建设，构建适合居住增长的发展走廊

轨道交通可以使居民沿轨道线向外更长距离地拓展，居民采用轨道交通的比例也会比较高。现实的情况是只有少部分的住房开发是位于轨道交通站点的范围内，大量的住房开发是基于道路的均匀式的"摊大饼"，公交方式与就业中心的速度慢和时间长的特点会促使更多居民使用私人机动化工具，居民的就业会出行更加零散。即使以后有一部分的地区在若干年之后轨道交通覆盖到，居民不太可能改变工作来迎合轨道交通的线路，并且当居民的机动车拥有和使用率很高的情况下，要改变居民的就业选择和出行习惯，是非常难的。脱离住房建设和人口分布规律的轨道交通建设，或者没有轨道交通支撑的住房建设和人口分布，带来的结果都是一样的，就是那些有经济能力的居民都会有意愿购买和使用私人机动化工具。所以，在中心城人口不断外溢的情况下，如何将这些需求引导到有轨道交通服务的住房，既需要明确住房供给的区域，还需要有轨道交通的支撑。增加轨道交通建设，做好轨道交通站点周边的换乘条件，有利于构建适合居住增长的发展走廊，有利于满足居民的住房需求，引导居民的通勤和出行活动。

（3）提供公交支撑的可承受住宅，完善中低收入阶层的住房体系

以市场为导向的住房供给结构和居住用地空间不合理分布，使得中低收入家庭居住空间和社会服务被边缘化，还会带来就业机会问题、交通出行问题、配套服务问题等等生活上的问题，造成就业风险增加、生活成本的提高和社会服务水平的降低等难题。从引导人口空间分布，促进社会公平的思路出发，需要重视中低收入阶层的住房保障体系建设。这类住房用地供应要与轨道交通结合起来，完善配套设施建设。

2. 社区层面的发展策略

（1）"公交社区"理论借鉴和分析

在住房发展社区层面的理论之中，公交社区是被大量应用和借鉴的。公交社区结合城市设计、交通运输和市场经济学，创造出一种鼓励人们更多的乘坐公共交通的规划模式，目的是提高居民出行的机动性、社区的环境品质、创造邻里凝聚力、邻里的复兴、社会多样性、公共安全和社区的可持续发展等。在用地布局上公交社区的中心是公交车站本身及围绕车站的公共空间，车站是联系居民和通勤者到区域其他地方的工具，提供了方便、完善的途径到中心城区、体育馆等公共活动中心和其他场所；车站周围的公共空间和开放区域是社区集会中心，用于举行社会事务；住宅区布置在最外围的干道两侧（见图5-15）。

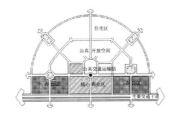

图 5-15　邻里单位和公交社区示意图

步行半径
城市干道

■公共中心 ■居住用地 ■商店 ■绿地

住宅区

公共开放空间

公共交通运输站

综合商业区

主要交通干道

公交社区的理论的出现是对"邻里单位"的进一步发展，是在对美国基于小汽车的郊区低密度高能耗的发展模式的批判基础上，所提出来的基于公共交通运输站点周边的空间布局，在美国和其他地区受到普遍认可。公交社区理论对于大都市区的住房建设和比较来说，有一定的借鉴意义，在中心体系、规模、土地利用和道路交通等空间结构和社会经济特征差异下，用公交社区理论对轨道交通站点的布局需要进一步的探讨，理论的应用会更加有意义。相对邻里单位，公交社区理论更加强调公共活动中心与公交站点之间的联系。社区与公共中心之间的距离会影响到出行的时间，假设社区位于规模比较大的城市（半径超过 15km）的外围，那么地面公交与活动中心之间的时间就会超过 1h，那么公交对于居民来说就不具有吸引力。为了解决这个问题，就需要提高公交的速度，比如说 BRT 或者公交专用道，或者就是采用轨道交通的方式；与公交的接驳方式也需要考虑到我国居民高比例采用步行和自行车出行的习惯，现在有一部分自行车的需求在转向助动车，而小汽车刚刚开始大规模地进入家庭，只有优化站点的接驳方式与行驶环境，才能提高公交或者轨道交通在于城市中心长距离联系中的比例，减少使用私人机动化工具。从大都市区的可持续交通来看，公交社区只是代表一个点的概念，其布局和开发需要与城市的发展轴线联系起来。

公交社区理论提出站点周围建设办公区和商业区，是为了提高就业平衡程度和更加方便的商业购物环境。由于就业岗位的分布与城市的中心体系是有关系的，站点周边与城市中心的就业岗位之间的关系才决定社区居民外出通勤的比例，而不仅仅由所在社区所决定。超市、学校等公共服务设施可以减少居民的出行距离和增加步行的比例，需要在合理的范围内布置。住房的类型和居住用地的开发强度需要考虑到我国大都市区在人口剧增的背景下对于住房的需求，在靠近轨道交通的附近，开发强度应该适当提高，增加居民长距离通勤活动使用轨道交通的比例。此外，社区的环境是有物质环境和居民的活动构成的，对于不同地域不同社会经济特征的人群来说，活动和出行的习惯是有差异的，需要通过城市设计，提高适应于本地居民的社区环境，创造一个适宜的步行环境。

结合以上的调查，以下从接驳方式、开发模式、居住就业平衡等几个方面分析不同的开发模式与通勤交通出行量的关系。

　　首先是轨道交通的影响范围，是与接驳的方式有关系的。如表 5-37 所示，在 500m 范围内的接驳时间约 5 ～ 7min，步行方式和自行车具有相对优势；500 ～ 1000m 之间，自行车出行时间在 10min 以内，相比其他方式，仍处于可以接受的范围；1500m 以内，自行车专用道、助动车与公交车具有相似的相对优势，时间大约 10min 以内，而在各种空间距离上，小汽车接送或者 P+R 在时间上具有绝对优势，假如不能在停车和地铁费用能够形成制约机制，那么有车家庭也会习惯与使用小汽车接驳。可以看出，轨道交通接轨的不同交通方式在不同的空间距离有服务优势，除了时间因素，居民采用接驳方式的意愿还与出行环境有关，包括步行通道、自行车或者助动车的通道宽度、方便、舒服程度，与车站入口的连接，以及停车费等都会有影响，而公交车的发车频率、站点分布和乘车环境、票价也会影响到公交的乘坐情况。从大城市目前的交通结构来看，居民以步行、自行车和助动车出行的比例较高，如果在住宅到轨道车站之间创造良好的步行和自行车出行环境，就能提高距离轨道站点 500m 以外更多的居民使用轨道交通。

不同交通方式的接驳时间 [1]　　　　　　　　　　　　表 5-37

接驳方式	高峰小时速度	主要道路与车站的距离			
		500m	1000m	1500m	2000m
步行	5km/h	6	12	18	24
自行车	10km/h	3+4=7	6+4=10	9+4=13	12+4=16
自行车专用道	15km/h	2+4=6	4+4=8	6+4=10	8+4=12
助动车	15km/h	2+4=6	4+4=8	6+4=10	8+4=12
公交车	15km/h	2+4=6	4+4=8	6+4=10	8+4=12
汽车接送	30km/h	1+2=3	2+2=4	3+2=5	4+2=6
汽车 P+R	30km/h	1+4=5	2+4=6	3+4=7	4+4=8

　　根据接驳方式的服务范围，可将轨道站点周边用地布局按照 500m、1000m、1500m、2000m 划分为四层，在 0 ～ 500m 的空间内布置商业区，在 1500 ～ 2000m 的布置产业园区，其他地区为住宅区。轨道站点的间距为 1500m，每个站点单侧的服务面积为 3km²。轨道站点周边这样的布局模式单侧总用地面积 3km²，其中居住用地面积 185hm²，工业用地面积 75hm²，商

---

1 各种交通方式除了行驶时间，还加上存取时间，自行车、助动车、小汽车的存或取时间为 2min，公交车包括步行到站 2min 和等候 2min。

业办公区面积 25hm²。居住用地容积率以 1.5 计，可建设住房面积约为 280 万 m²，按人均 35m² 计算，可居住人口约 8 万人，按照 60% 的就业率，就业人口约为 5 万人；商业区用地容积率以 2 计，建筑面积约为 50 万 m²，按照人均 25m² 计算，可提供就业岗位 2 万个；工业园区容积率以 1 计算，建筑面积 75 万 m²，按人均 50m² 计算，可提供就业岗位 1.5 万个，就业岗位合计 3.5 万个。在中心城外围站点周边的用地基本是连接起来的，在更外围的地区，可以保留绿楔。根据 500m 左右的范围设置主干道和次干道，在地块内部设置连接轨道站前广场、适合于步行和自行车的专用道（见图 5-16）。

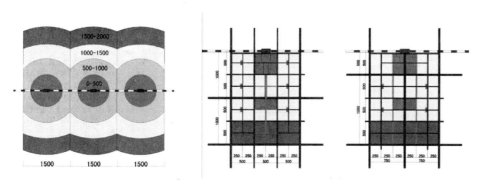

图 5-16 站点的开发模式

为了比较不同的居住区的开发模式对出行的影响，可根据容积率和人均居住面积分为匀质和非匀质。匀质的比较方案是不论距离地铁远近，居住用地容积率均为 1.5，人均居住面积均为 35m²。非匀质方案是从地铁往外，容积率递减，人均居住面积递增，轨道站 0～500m 范围内的容积率提高到 1.8，人均居住面积减少为 30m²，而轨道站 1000～1500m 范围内的容积率减少为 1.2，人均住房面积增加到 42m²，500～1000m 范围内容积率和人均面积保持不变。匀质方案和非匀质方案在同等的居住用地面积创造了相同的居住建筑面积和居住人数，由于容积率和人居面积差异，非匀质方案相比匀质方案在 0～500m 区间增加了 15 万 m² 的居住面积，增加 43% 的居住人口；在 500～1000m 的区间相等，在 1000～1500m 的区间减少了 15 万 m² 的居住面积，减少了 35% 的居住人口。非匀质方案可提高轨道站点 0～500m 范围内的住房数量，提高轨道站点近距离步行的人口，减少长距离机动车接驳的人口（见表 5-38）。

接下来进一步比较居住就业平衡程度与轨道交通在对外出行中承担的比例，形成的乘坐轨道交通的人数，以及站点周边的匀质和非匀质开发模式下步行、自行车和助动车等接驳方式的数量例。首先将就业居住平衡程度比例分为低（20%）、高（40%）两种类型，将轨道交通的比例分为低（20%）、中（40%）、高（60%）三种类型，由此可以组合成6种情景（见表5-39）。居住就业的平衡程度只有20%，就意味着有80%的居民需要对外通勤，而轨道交通的比例只有20%，就意味着有80%以上的人需要使用其他的交通方式，小汽车或者助动车的比例就会很高，假如轨道交通的比例达到60%，那就意味着有大量的人需要搭乘轨道交通，高峰时刻轨道交通会比较拥堵。而当居住就业平衡达到40%以上，假如轨道交通的比例能够达到60%以上，说明总体上居民外出通勤的比例比较少，而采用轨道交通的量比较大，私人机动车的出行比例就会比较少。假设住宅与站点的距离与接驳方式之间存在密切的关系，而且站点周边地区为步行和自行车、助动车的出行创造比较好的通行环境。可以发现，在非匀质的布局方式下更多人会使用步行的出行方式，更少的人会使用助动车的方式。而步行或者自行车专用道的宽度与搭乘轨道交通的人数有关，与距离站点不同圈层的人口分布有关。

轨道站点周边空间模式与人口分布　　　　表5-38

	空间位置（m）	用地面积（hm²）	开发模式	容积率	建筑面积（万 m²）	人均面积（m²）	居住人数（万）	就业人口（万）
居住与就业人口	0～500	50	匀质	1.5	75	35	2.1	1.3
			非匀质	1.8	90	30	3.0	1.8
	500～1000	75	匀质	1.5	112.5	35	3.2	1.9
			非匀质	1.5	112.5	35	3.2	1.9
	1000～1500	60	匀质	1.5	97.5	35	2.8	1.7
			非匀质	1.2	78	42	1.9	1.1
产业与岗位	工业园区	75	中强度	1	75	50		1.5
	商业区	25	高强度	2	50	25		2

居住就业平衡程度与轨道交通相互作用形成的不同情景　　　　表5-39

情景	居住就业平衡程度	轨道交通比例	轨道交通人数	步行（万）		自行车（万）		助动车（万）	
				匀质	非匀质	匀质	非匀质	匀质	非匀质
I	20%	20%	0.8 万	0.2	0.3	0.3	0.3	0.3	0.2
II	20%	40%	1.6 万	0.4	0.6	0.6	0.6	0.5	0.4
III	20%	60%	2.3 万	0.6	0.9	0.9	0.9	0.8	0.5
IV	40%	20%	0.6 万	0.2	0.2	0.2	0.2	0.2	0.1
V	40%	40%	1.2 万	0.3	0.4	0.5	0.5	0.4	0.3
VI	40%	60%	1.8 万	0.5	0.6	0.7	0.7	0.6	0.4

（2）规划策略

在郊区人口绝对比例和相对比例不断增加、中心区的功能活动仍然不断加强的情况下，在相当长的时间内，大都市区的居住空间结构仍处于不断的变化过程中，郊区住房建设需要保持灵活性和适应性，并且进行有效的组织，以满足居民工作、上学、购物等需要，在支持满足个体的出行活动的同时，减少对不可持续交通的依赖。假如按照地面公交或私人交通的模式，那么只能是延续现在中心城缺乏方向性的蔓延形式。要实现大城市中心城人口疏散，容纳不断增加的人口，除了由快捷大容量的轨道交通支撑的发展走廊安排住区建设用地，满足长距离快速出行的要求，提高住区的交通可达性，在居住范围扩大的同时，保持出行时间不变，还要完善住区的公共服务设施，减少居民的出行距离。

第一，需要重视轨道站点周边的土地混合使用和功能开发。为了减少居民出行的距离和机动化方式，应该对轨道站点周边单一性住宅用地矫正，提倡土地混合使用，轨道站点周边的大超市和商业服务设施无疑可以提高居民就地购物的需要，并且也可以增加部分服务业的就业岗位，提高居住就业平衡。在市场经济的背景下，虽然不能够理想地认为可以通过规划的手段在站点周围提供完全适合迁入居民的就业岗位，但是建设部分商业办公楼宇至少可以吸引一些不需要在核心区内的中小企业，减少中心区的就业强度，还可以平衡高峰时刻的来往车流，提高轨道交通的运行效率，结合站点大楼布置居民日常性购物所需的大超市可以使得居民的出行链更加合理，可以在更短的时间内集合完成通勤和购物等活动。

第二，需要重视价格机制与不同社会经济特征的需求关系。假如对于轨道交通站点周边的住房的开发没有很好地考虑到居民的可支付性，结果就会导致单套住房面积过大，价格高，单位土地面积上可提供的户数少，居民收入高，机动车拥有高，轨道交通的使用率低的特征，而大量的中低收入阶层者会被排斥到很远的地方。在轨道资源稀缺的情况下，需要对轨道交通站点周边的开发强度做相应的规定，适当的提高轨道站点周边住房的允许的开发强度和减少大户型的房屋比例，可以在轨道交通最有效的服务范围内增加住房套数和居住人数，减少单套住房的价格，适合中低收入阶层购买或者租用。

第三，需要重视轨道交通站点的接驳环节。居民选择轨道站点周边的住房并且习惯使用轨道交通，除了轨道交通本身的开车频率、运量和服务环境之外，与地面的交通衔接之间也有密切关系。居民使用轨道交通的时间由到站时间、车上时间和离站时间三部分构成，其中在工作岗位不变、轨道线路不可选择的情况下，离站时间不会有多少差别，而居民到站时间和车上时间就会构成互补关系。假设车站间隔 1.5 km，车速 30km/h，那么每站的间隔就是 3min，如果能够提高居民到站方便程度和速度，那么就可以使居民在一定的出行时间内住得更远，轨道交通的影响范围和效用就会更大。减少居民的出行时间，除了在 500m 范围居民到站怎么使更方便地采取步行的方式之外，还可以在 500m 之外如何去鼓励使用自行车、电力助动车之类的，需要做的就是提供很好的出行环境，还有便捷的停放和存取程序。

第六章　新中心区规划建设与交通体系

　　居住空间分布与城市中心体系的相互作用形成的工作、购物等活动，决定了城市的交通出行的强度、流向和对道路交通设施的压力。上一章分析了迁居活动和居住空间分布对交通模式的影响，接下来需要研究活动中心的规划建设活动与出行模式的关系。当前许多大城市都在进行大规模的中心区或者副中心建设，这些 CBD、Sub-CBD 建设的目标是为了降低单一中心区所造成的道路拥堵，也承担着引导居民形成以公交为主的交通模式。由于这些新中心动辄上百万的面积，新的活动空间和就业岗位对于大城市的空间格局和中心体系有巨大的影响，不少中心的建设是以道路网为主，这样的建设模式是否能够实现副中心疏解功能的目标？是否会鼓励小汽车的使用？通过杭州市钱江新城核心区 CBD 为例，分析新 CBD 会不会带来更多的小汽车出行，及其对可持续发展的影响，杭州的案例用于说明在实际工作中的问题以及可能出现的问题，规划方案的综合与调整是其中的一种可能解决方案。

一、新中心区的特征与规划建设

　　20 世纪中叶以来，巴黎、伦敦、纽约、东京等西方大城市纷纷提出了新建城市副中心（Sub-CBD，日本称为"副都心"）的建设规划[1]。目前建设比较成功的有法国巴黎拉德芳斯区、日本新宿、涉谷、纽约巴特利花园城副中心等。近年来为了疏散中心区的功能，建构多中心的空间结构，上海、北京、广州、杭州等大都市区空间规划纷纷提出建设大规模、高密度的中央商务区（CBD）和副中心（Sub-CBD）计划，比如说上海的陆家嘴 CBD 和其他徐家汇、五角场等副中心。需要站在大都市区的层面去思考新中心区建设与大都市区空间战略的关系，才能够对大都市区的空间结构变化和交通模式有更深的认识。

1. 中心区空间与交通特征

　　大城市新中心区借用 CBD 的用词，源于新中心区在空间要素和交通模

1　CBD 或者 SCBD 是一个比较容易引起争议的概念，研究新中心区与交通模式的关系，需要先把 CBD 的概念和特征说清楚。中央商务区（Central Business District，以下简称 CBD）的概念最初来自 20 世纪 20 年代美国城市地理学家伯吉斯的同心圆理论中的中心部分。对 CBD 的理解有广义和狭义之分，广义上的 CBD 类似于城市中心区（Downtown），是指商业、商务办公以及其他城市中心区职能集中的地区，狭义的 CBD 是指国际经济中心城市的市中心特定地区，比如说纽约和东京的中央商务区才能够成为 CBD，也有学者按照目前大城市在世界经济的地位来划分层级，将我国的香港、上海、北京等大城市归为国际性 CBD。目前在国内多数大城市在建构一个全新的商业商务中心时，也喜欢使用 CBD 这个名词，从广义上可以理解为大城市所在区域的中心，比如说杭州的 CBD 就定义为浙江省的中央商务区。

123

式上相似的特征，比如它们都具有城市中最高的中心性、具有城市地区中最多的人流量、具有最便捷的可达性、具有最高的土地价格和租金、具有最高的服务集中性等[1]。中心区的特征可以归纳出以下几点：

（1）就业岗位高度集中，土地高强度开发

一般来说，中心区在城市中心所占的比例较大，就业岗位高度集中。CBD 的空间特征通常都是高楼林立，人员密集的，土地开发紧凑（见表 6-1）。

国内外 CBD 开发构成比较 表 6-1

		巴黎拉德芳斯	伦敦金融城	陆家嘴核心区
占地面积（km²）	合计	2.5	2.6	1.7
	商务区	1.6		
	住宅区	0.9		
建筑面积（万 m²）	合计		700	266
	商务办公	350	500	243
	住宅	9000	35	23
就业岗位（万）		15	35	9.5
居住人口（万）		2	0.86	0.89

CBD 在城市就业岗位的比例也在发生变化，这个与城市的中心体系与新中心建设也有一定关系。从国际大城市的经验来看，1960 ~ 1990 年间，以东京、香港为代表强中心城市的 CBD 占就业人口的比例在增加，而在巴黎由于建设了拉德芳斯 SCBD，承担了部分的就业人口，使得原有 CBD 占到城市的就业人口的比例下降（见表 6-2）。

国际大城市 CBD 占就业市场比例与趋势 表 6-2

城市	基期	基期的就业人口比例	1990 年的就业人口比例	变化	CBD 占到新增就业的比例
纽约	1960	29.9%	21.9%	-26.7%	3.8%
东京	1960	25.8%	27.7%	7.3%	30.5%
伦敦	1960	32.0%	30.7%	-4.0%	
巴黎	1960	24.9%	16.9%	-32.3%	-11.8%

---

1 蒋朝晖. 中国大城市中央商务区 (CBD) 建设之辨 [J]. 国外城市规划 .2005, (4): 68-71.

城市	基期	基期的就业人口比例	1990 年的就业人口比例	变化	CBD 占到新增就业的比例
法兰克福	1960	23.9%	20.3%	-15.0%	3.5%
香港	1980	7.3%	7.5%	3.4%	8.2%
新加坡	1970	33.3%	18.2%	-45.4%	7.1%
哥本哈根	1960	25.9%	12.8%	-50.4%	-26.4%
斯德哥尔摩	1960	35.2%	22.3%	-36.7%	-59.6%
墨尔本	1960	19.0%	10.6%	-44.1%	-5.3%
洛杉矶	1960	6.7%	4.5%	-32.8%	1.6%

资料来源：http://www.demographia.com/db-intlcbd-trend.htm.

（2）就业与居住不平衡，通勤需求巨大

CBD 作为一个城市土地开发强度和岗位密度最高的地区，具有最高强度的机动车交通流和行人交通流，通常是一个城市交通拥堵程度最高的区域。CBD 内特殊的高比例办公用地和低比例居住用地的用地模式，导致区内就业和居住人口高度的不平衡，会形成规模巨大的通勤交通需求（见表6-3）。

部分 CBD 居住人口与设施比重 　　　　表 6-3

	就业人口（万）		居住人口（万）		就／居比	
	核心区	全区	核心区	全区	核心区	全区
拉德芳斯	10.5	12	2.1	3.93	5：1	3：1
东京 Teleport Town	8	10.6	1.9	6.3	4.2：1	1.68：1
MM21	19		1		19：1	
幕张	15		2.6		5.8：1	
钱江新城	24		3.3		7.27：1	

CBD 的交通容量会成为制约就业岗位增长和经济发展的重要因素[1]。CBD 独有的高密度、高强度商务办公开发的特征，使得中心内的交通总是不断地趋向饱和，与外界的交通联系始终是 CBD 的难题。在建设的前期，

---

[1] 交通作为城市的一个子系统，实现着城市人流、物流的有效移动和运转功能，是城市繁荣、有序和发展能力的象征。城市土地是城市交通需求的根源。城市的某些交通设施发展到一定程度之后难以改建以增加通行能力，从而当土地的开发超过一定强度以后，其所吸引的大量交通量导致某些路段出现拥堵现象，导致已开发由于其可达性下降，随着土地利用的边际效益也下降以及整个城市运转效率的下降。

与外围居住空间的联系，会制约着 CBD 的培育和吸引力，而到了后期，交通体系的容量相当程度上也会形成 CBD 的制约瓶颈。

（3）地面交通容量有限，以公交为主的通勤模式

CBD 的运行与高峰时刻的通勤活动有密切的关系。由于大规模的通勤活动会在同一个时间段内涌入涌出，在空间上和时间上高度集中，对于 CBD 的交通运载能力会带来严峻考验。通勤者使用什么样的交通方式完成通勤，受到很多因素的影响，如通勤者与工作地点的距离，各种交通方式的通勤时间，公共交通的可达性，小汽车的拥有量，收入水平等。但对于一个供应能力接近饱和的交通系统，各种通勤方式的供应能力是决定通勤交通方式的最重要因素。

由于 CBD 地区的功能特征，所以具有特定的以公交为主导的交通方式（见表 6-4）。CBD 用地以商务办公为主，建筑密度高，高峰时间的交通量非常大，交通结构更多地需要大运量公共交通支持。伦敦中心区、香港以及东京中心区的通勤交通中，公共交通占全部方式的 70% ~ 90%，成为最主要的工作出行交通方式。而小汽车、步行、自行车等则作为补充方式。中心区内小汽车的使用规模主要受到道路通行能力和停车场规模的限制。在小汽车交通达到饱和之后，其他部分的需求将由地面常规公交和轨道交通承担，进一步扩大地面道路的通行能力只会吸引更多的通勤者使用小汽车。

周一至周五到中心区工作出行交通方式比较 表 6-4

	总的出行量	小汽车	公共交通	其他交通方式
伦敦	634400	17%	71%	12%
巴黎	788382	15%	69%	16%

2. 国内大城市新中心的规划建设实践

目前全国很多大中城市人口和产业加速发展的情况下，各种活动过度地集中在原有的主要活动中心，已经带来了原有中心区局部区域内土地过度开发、交通拥堵、活动环境恶化等问题，所以包括北京、上海等超级大都市和其他的大中城市在适当控制老中心的再开发活动的同时，纷纷提出建设国际性（区域性）的 CBD 或者类似 CBD 的新中心建设，这些大规模、高强度开发的新中心在很短的时间内被建成和使用起来，由此也创造了数以十万计的就业岗位和各种购物娱乐活动，其活动强度和重要性会日益显现，甚至会超过原来的活动中心。这些新中心的规划建设不当，也会影响到交通不可持续发展，以下从空间区位、中心体系、开发规模、土地使用和交通体系等方面分析存在的问题。

（1）空间区位失当，导致交通设施无法配套

新中心的空间选址对开发活动的影响很大。国内的大中城市在新中心空间区位的选择上面有多种类型，一种是以上海、杭州等为代表的大城市在中心城区的边缘，靠近原有中心建设，新中心与现有的城市空间格局之间保持较近的距离，方便居民通勤；一种是以深圳、苏州等为代表的大城市在现有中心城区外围结合大规模的新区建设，跳跃性比较强，与现有的中心和城区保持相对独立和较远的距离，成组团式扩展。

靠近市中心建设的模式可以充分利用已形成的资源，吸引各要素的聚集，有利于启动开发，容易与城市现有的道路交通体系衔接，但是当新中心达到一定规模之后，容易加大中心城区的交通压力，比如说上海陆家嘴基本上和现有的中心区人民广场紧挨着，新增加的人流会使浦西已有的路网更加拥堵，隧道和桥梁的交通流量特别大。距离市中心较远距离的模式意味着至少在相当长的时期内来说，较难形成规模，前期的运营成本会比较高，要政府持续的资金投入和相当长一段时间才能够形成，居民的出行也不方便，当新区形成规模之后，整体效果会比较好。

（2）中心体系构建缺少区域统筹，联系不便

新中心的形成需要引导商务办公功能的聚集，也与所在地域的中心体系的构建情况有关。城市新中心建设的成功与否，还得看城市政府能否协调区域和城市内部的中心区建设。在区域层面，每个大城市都在争取建设国际性或者区域性的 CBD，比如说珠三角的深圳福田 CBD 和广州珠江新城等，长三角的上海陆家嘴、杭州钱江新城核心区等；在大都市区层面，也可能会同时出现几个大规模的新中心区规划建设，比如说杭州的钱江新城和江南新城，在钱江两岸，由不同的开发管理机构同时进行大规模的、同质的中央商务区建设（见图 6-1）；在城区层面，比如说上海在原有的人民广场市中心的基础上，同时建设世界级的陆家嘴 CBD，还有徐家汇、五角场等市一级的副中心，而在外围郊区新城，也同样存在规模比较大的新中心建设。

图 6-1　杭州市中心体系与 CBD 布局

区域层面、都市区层面和城区层面同时多个新中心的大规模建设会改变大城市的中心体系,其速度和规模对于原有的空间结构会造成较大的影响。在这种背景下,新中心规划建设不光要考虑到内部土地利用和道路交通问题,还要考虑到与大都市区中心体系的整体变化联系起来,采取区域性轨道交通和公交来引导交通流,加强与主中心、其他副中心以及社区中心之间的联系。

(3) 开发强度过高,交通拥堵严重

CBD 的开发规模是与所在地区的需求以及周边类似地区的供给情况密切相关的。在我国大城市的新中心区规划中,规划占地面积和建筑接近伦敦或者巴黎 CBD 的比比皆是。从目前建设成型的上海陆家嘴来看,目前陆家嘴的开发总量已经达到 266 万 m^2,其中以商务办公为主。目前陆家嘴 1.7km^2 范围内基本上已经没有可供开发的土地,正在准备扩区。与大规模的新中心建设对应的是高强度的开发和高峰小时集中的通勤量,以及由此带来的道路拥堵和地铁拥挤。陆家嘴核心区岗位密度超过 5 万人 /km^2,对外通勤岗位数9.5 万。伴随不断增加的就业岗位是道路交通拥堵,需要不断地扩大道路面积,增加轨道交通线路和运能[1]。

(4) 土地混合程度不高,居住就业失衡

一般 CBD 都会预留一部分住宅和公寓的用地,希望能够使得居民就近工作,但是由于 CBD 旁边的房价普遍较高,所以对于在 CBD 上班的多数就业人群来说,也是不可承受的住房,较低收入的人群只能远离办公区域,而这一部分住房通常都是由高收入阶层拥有,人均的居住面积较高,汽车拥有率也高。这个以上海的陆家嘴最为极端,靠近黄浦江的"汤臣一品"楼盘售价高达 11 万元 /m^2,建成至今 2 ~ 3 年只卖出 3 套,且均为大户型。而随着陆家嘴的规划调整,周边现有的部分多层住房还将被再开发成商业办公(见图 6-2)。假如在 CBD 规划中没有考虑到市场承受能力的住房规划,即使预留了住宅用地,也没有办法与实际的居住需求联系起来。

图 6-2　上海陆家嘴用地现状与住房开发

1 同济大学交通运输工程学院. 小陆家嘴地区道路交通系统规划研究 [R]. 浦东新区建设与交通委员会,2007.6:18-25.

CBD 地区作为岗位高度密集的区域，由于缺少办公区域内职员可支付的住房，职住不平衡现象非常明显，只有少数的就业岗位可以通过 CBD 内部的居住劳动力满足之外，大量的劳动力都是来自 CBD 外部的其他城市地区，就业者需要长距离通勤，这必然会导致规模巨大的通勤交通需求。如果缺乏轨道交通和公交的有效服务，小汽车出行的比例高于城市其他区域，中心区拥堵严重。以陆家嘴为例，由于办公区周围缺少可供就业者选择的合理价位的住房，所以许多在 CBD 上班的人分布在城市边缘区，每天均需要从边缘区搭乘长时间的地铁到中心区上班。由于沿线拥堵的人流，使得相当大一部分的中高收入人群选择小汽车出行。而中心区的建设还在不断地增强[1]。

（5）基于道路的 CBD 模式，鼓励小汽车出行和道路拥堵

从北京 CBD、上海陆家嘴、广州珠江新城等国内新开发的 CBD 地区发展来看，目前已面临巨大压力，高峰时刻道路拥堵都很严重（见图 6-3）。陈小鸿、赵国锋等在对上海陆家嘴和广州珠江新城的分析之后，认为 CBD 的道路交通存在的问题包括：（1）周边的道路过境压力较大，边界出入口无法满足交通需求；（2）内部网络结构失衡，既有路网密度偏低，干支比例不合理，支路网密度明显不足，主要干道交通负荷将会比较严重；（3）轨道交通的覆盖范围有限，交通衔接不便，步行距离过长；（4）缺乏良好的步行环境等。

图 6-3　上海陆家嘴和北京 CBD 高峰时刻的交通拥堵

1　在 CBD 地区最容易被人忽视的问题是，在 CBD 内的就业人口到底是住在哪里的？这些人每天都是怎么乘搭交通方式来上班的？我们能够通过加大基础设施投资，多修建几条轨道交通，满足居民能够在高峰时刻进入 CBD。但是，不同城市的形态和轨道交通的关系是有差异的，假如这些在 CBD 工作的居民，都只能够在 30km 外的新城购买房子，或者在远离轨道线的地区居住，那么他们每天需要辗转多条轨道线路，或者花费很长时间通勤，也是不合理的。穿过上海陆家嘴 CBD 地区的地铁 2 号线，沿线经过的都是城市的中心区，只有部分可供就业者选择的高价房，大量的就业者需要通过 1 号线换乘 2 号线才能够到达。2 号线向西延伸到虹桥机场，向东延伸到浦东机场，在目前 2 号线高峰时刻已经比较拥堵的时候，往西延伸只能够使得轨道线更加拥堵，因为沿线还有中山公园、静安寺、人民广场等重要的就业中心，往西延伸只能增加更多的客流，而往东的延伸的方向，由于外环线和绿地的控制，可供开发的土地不多，目前集中在外环线外侧的是大规模的动迁房，这一部分人更多的是在浦西就业，即使使用轨道交通，也会以穿越为主，而这些动迁房，对于在 CBD 工作的人来说，也是不可选择的。假设上海能在 2 号线向东的方向，沿线除了动拆迁房之外，能够提供更多的适合在陆家嘴 CBD 工作的白领阶层的中档价位的、中小型、有较好生活环境的居住区，对于居民的住房选择和通勤方式，都会有比较好的引导作用。

从我国当前的大城市 CBD 建设来说，交通结构的形成仍处于动态的发展过程中。首先，虽然 CBD 强调与新区建设同步，保持居住与就业的平衡，但是在实际的运作中，CBD 周边的住宅价格高昂，要实现就业居住平衡很难，难免会有大量的 CBD 外部的人流涌入，交通需求很大；其次，就业人口与原有城区的居住空间是分不开的，由于大量的居住人口仍然分布在原有城区，导致吸引的人流相对会比较均匀分散，对原有的道路网络的运输能力和流量空间分布也会影响，可能会加剧城市内部局部地段的拥堵，CBD 出入口的能力也会不足；第三，受制于城市的整体实力，相对于楼宇建设，公交走廊和地铁的建设交通周期相对较长，无法很好地承担高峰时刻进出 CBD 的人流；最后，CBD 内创造的就业岗位以商务办公为主，这部分人群的收入水平相对较高，机动车的拥有率也较高，楼宇建设缺少统一的停车位控制和收费制约，更加容易鼓励使用小汽车通勤，CBD 内部和地块的交通压力也会比较大，即使提高道路的通行能力也难以赶上机动车增长速度。

中心区高峰时刻的交通拥堵，是高强度、大规模开发和不够完善的交通系统造成的。目前国内 CBD 开发建设仍处在发展的前期阶段，一方面是楼宇面积和就业岗位在持续增加，并将维持相当长一段时间的增长，另一方面，现有的地面道路的通行能力已经为小汽车和公交车所占领，主要的交通改善就是依靠增加进入的通道和增加轨道交通的比例。以上海为例，陆家嘴的交通体系已经接近满负荷运行，而 CBD 内的建筑物仍在增加，即使增加跨江与浦西联系的通道，也无法跟上就业人口的增加，而只能依靠增加轨道交通的线路，因为道路交通只能够承担 20% ～ 30% 的小汽车和地面公交，除了轨道交通没有更好的办法了。在就业岗位仍可能继续增加的背景下，要满足经济发展的交通能力，需要采取相应的措施。如何构建一个高效的综合交通系统，既能够促进 CBD 的开发，又能够有效地解决 CBD 的交通问题，一直是国际大都市致力解决的重点问题。

二、国际大城市 CBD 案例经验

新中心要建成城市各类交流活动最便捷的空间场所，所提供的交通效率决定了它在区域、城市经济和社会活动中的中心地位，从这个角度出发，巴黎拉德芳斯代表的是新建的新中心，伦敦金融城代表的是已有的中心区为了迎接新的发展要求所提出的战略对策，以伦敦金融城和巴黎拉德芳斯等为代表的 CBD 和 SCBD 建设经验无疑可以给这些新开发的中心区借鉴。

1. 巴黎拉德芳斯

拉德芳斯位于巴黎市的西北部，巴黎城市主轴线的西段，与巴黎中心城距离 5km。1958 年为了满足巴黎日益增长的商务空间需求，缓解巴黎老城区的人口、交通压力，保护巴黎古都风貌，巴黎市政府决定在拉德芳斯区规划建设现代化的城市副中心。经过半个世纪的建设，拉德芳斯区现已成为欧洲最具影响力的商务中心，被誉为"巴黎的曼哈顿"。从区位上看，城市副中心是城市边缘区的中心或副中心，与CBD在空间上相呼应、功能上相补充，共同构成城市中心网络。

拉德芳斯功能以商务办公为主，集居住、购物、会展、旅游多功能为一体。拉德芳斯规划用地 750hm²，先期开发 250hm²，其中商务区 160 hm²，公园区(以住宅区为主) 90hm²。全区已建成商务与办公楼面积近 350 万 m²，就业人口超过 15 万，住宅单元 9000 个，规划 2007 ~ 2015 年增加 50 万 m² 的办公面积，岗位密度达到 9.38 万 /km²。

交通建设中成功地贯彻了"人车分离"的原则。目前区内已形成高架交通，地面交通和地下交通三位一体的交通系统，地下有地铁 M1、RER-A 线，将拉德芳斯区与巴黎市中心区紧密连接起来。地面 1 ~ 3 层是车行快速干道、立交桥和停车场。3 ~ 5 层的平台上建有人行道，步行系统总面积达 67hm²。

目前，拉德芳斯已成为欧洲最大的公交换乘中心，公交系统包括 5 条轨道线，2 个轨道站点，18 条公交线路，公共运输服务系统每天运送通勤者达到 35 万人次。79% 的人进出拉德芳斯区选择乘坐公共交通，16% 比例的私人交通，非机动车和步行的比例为 5%。有 3.5 万个停车位。经过 CBD 的高速公路从地下穿过，避免高速度、高密度的小汽车流对区内的干扰（见图 6-4）。

图 6-4　巴黎拉德芳斯

2. 伦敦金融城

伦敦金融城（The City of London）位于伦敦市中心，是世界最重要的金融中心，面积 2.6km²。现有就业人口 35 万，居住人口 0.86 万。区内主要建筑为办公楼，总建筑面积 700 万 m²，占总面积的 70%，休闲和居住面积分别占 20% 和 5%。有 8 条轨道交通经过 CBD，总长度 18km，12 个轨道站点。有 45 条公交线路，交通线路可以与轨道进行接驳换乘。金融城的交通出行有 84% 选择公交，其中 79% 的通勤出行选择公交，早高峰进入 CBD 的各种通勤出行方式中，包括铁路、地铁和公交在内的公交方式占到 84.6%。通勤交通的时间较长，设施服务水平不高，在高峰时段已达到或接近饱和，出行者费用增加。

根据伦敦市的发展规划，未来十年内 CBD 的岗位数将以年均 1.5% ~ 2% 的幅度增加，出入 CBD 的通勤需求也会相应增加。预计 2016 年的总岗位数将达到 38 万。在交通设施能力饱和的情况下，为了应对就业岗位的增加，CBD 也提出了增加容量的措施：鼓励更多、更安全的步行和自行车交通，不鼓励私人小汽车交通；考虑一个根本性的道路空间资源重新分配方案，将小汽车占有的道路空间重新分配给公交、行人和受保护人群使用；考虑限制交通量的手段，如道路收费坚持通过控制停车来管理小汽车出行；尝试减少过境交通；继续游说政府和交通管理部门增加公共交通，提高服务水平新建轨道交通等措施[1]。

三、案例研究——杭州钱江新城核心区规划建设

1. 项目背景

（1）案例选择和研究方法

杭州市是浙江省省会，其发展目标是国际风景旅游城市、国家级历史文化名城、长江三角洲的重要中心城市和浙江省政治、经济、文化中心。杭州市有发展成为区域金融中心的远大前景，需要一个适当规模的城市中央商务区，来体现城市在区域乃至全球城市体系的作用和地位。建设钱江新城，是打造杭州中央商务区，构筑大都市区新中心，增强中心城市的综合竞争力，巩固和提升杭州在浙江省和长江三角洲南翼中心城市的地位的战略举措。

钱江新城的规划建设经历了定性与功能探讨、规划初期、深化完善、后续规划与建设等四个阶段，从最初的设想到实践，再调整优化，是不断的修正和完善的过程[2]。本案例是"后续规划与建设阶段"的研究成果，与控规调

---

1 同济大学交通运输工程学院. 小陆家嘴地区道路交通系统规划研究 [R]. 浦东新区建设与交通委员会，2007：18-20.

2 20 世纪 80 年代末起有规划界专家学者提出城市向钱塘江边发展，并在 1996 年杭州城市总体规划修编中确认建设杭州未来的商务中心区（CBD），提出建设为城市内部服务并兼顾中央商务职能的城市新中心的概念。杭州市规划局相继组织编制系列概念方案，并由杭州市规划院进行了控制性详细规划方案的编制。2000 年底开始由上海市城市规划设计研究院为主进行了《杭州市江滨城市新中心城市设计》，规划中对区域与外围城市交通的衔接，与城市形态、功能结构、开发容量的关系等内容提出了大量建设性意见。此后钱江新城建设管委会相继开展了核心区块城市设计、地下空间控制性详细规划、景观规划等一系列规划，在后续规划与建设阶段对原有规划进行回顾与反思的基础上，从交通、地下空间、城市空间组织、土地开发等多角度进行深入研究。《杭州市钱江新城核心区块控制性详细规划深化方案》，2005。

整是同步进行的。研究的部分成果已经在控规调整和道路交通网络调整中得到体现。研究数据来自杭州城市规划设计研究院和钱江新城管委会提供的相关规划与交通数据，使用 Transcad 软件对各种交通方式构成下道路服务水平进行分析。研究目的是分析钱江新城核心区规划建设与交通体系的关系，根据目前钱江新城核心区的规划和建设态势，分析面临的交通问题，通过交通方式构成比较，提出交通策略和整合措施。

（2）空间规划简介

钱江新城核心区的发展定位是杭州市市级中心，以行政办公、商务贸易、金融会展、文化娱乐、商业功能为主，居住和旅游服务功能为辅，体现 21 世纪杭州现代化城市景观的行政商务中心区。钱江新城的布局结构为"双轴、双核、两带、七片"。"双轴、双核"是指规划区域中部垂直钱塘江形成城市主轴线，向西延伸至西湖，并将区域内的绿核—中央公园和城市核心—市民中心串联起来，并通过步行广场直达钱塘江边，沿富春路构成核心区发展次轴线，以商务、滨河休闲活动功能为主。"两带"是指两条垂直于钱塘江的楔形绿带；"七片"是指以主、次干道和城市轴线划分成相对独立的七个片区，包括四个商务办公区、两个居住片区和一个会展片区。道路网络分为快速路、主干路、次干路、支路四个层级。核心区由快速路秋涛路和清江路、主干路庆春东路围合而成（见图 6-5）。

图 6-5 钱江新城核心区控制性详细规划

2. 面临的交通问题

（1）新老城中心区巨大的交通量，加剧本已饱和主要道路的压力

钱江新城位于老城区东侧，钱塘江畔，范围为钱塘江、清江路（西兴大桥）、庆春东路和秋涛路所围合的区域，总用地面积 401.6hm²。核心区内的商务办公活动高度聚集，导致交通出行总量高，人车流量在单位面积上是城市中较高的地区。由于核心区紧挨着城市建成区，与老城中心构成城市的主要中心体系，预测新中心 60% 以上的交通存在于新老城市中心、西湖景区之间，这将给原本就比较拥挤的老城区带来巨大压力（见图 6-6）。

图 6-6　杭州市钱江新城核心区区位图

（2）外围干道有大量的过境交通，核心区对外联系不畅

核心区原先选址时考虑到由交通干道城市相对独立的保护圈，但是大量的过境交通使得周围道路接近饱和，核心区对外交通不畅。萧山国际机场将加大过江交通需求，穿越性交通大量增加。滨江区和萧山区的发展，将会加大通勤、公务和商务出行量。之江路承担着富阳方向进城和东西向旅游交通的功能，增加了区域的交通压力。区块与外部的联系主要是通过外围的快速路及区块内的主干路系统。由于周边地区主要道路接近饱和，核心区的建设会进一步加重城市拥堵。

（3）用地规模和开发强度过大，高峰时刻通勤需求巨大

根据钱江新城核心区规划，核心区面积 4km²，计划在 3～5 年核心区范围内可以形成 300～350 万的建筑总量，钱江新城 CBD 将初具规模，规划区域内道路基本上已经按照控制性详细规划建成或者在建，庆春路过江隧道也即将开建。两处楔型绿地景观已经形成，波浪文化城、国际会议中心、城市阳台等涉及城市公共开放与活动空间的重大项目相继启动（见图 6-7）。

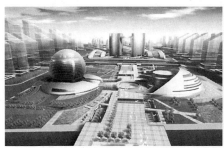

图 6-7　杭州市钱江新城核心区鸟瞰图

从开发强度来看，规划地块净容积率 3.69。办公类、服务类建筑总量较大，居住面积相对较小。核心区约有 24 万个就业岗位，核心区内约可居住 3 万人口，核心区的就业／居住比高达 7.27∶1，区域内的内部工作出行占很

小的比例，钱江新城核心区内工作岗位吸引的工作出行主要来自核心区域之外，由于交通出行在时间上分布不均匀，早晚高峰通勤量较高，就业人口大部分会在高峰小时上下班，容易形成集中的人流车流，会对道路交通带来巨大压力（见图6-8）。

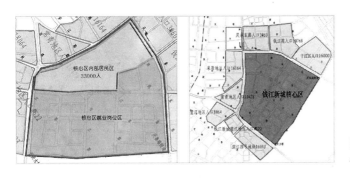

图 6-8 钱江新城核心区居住人口分布

（4）核心区规划建设与城市轨道交通缺少衔接，线路站点明显不足

根据杭州市轨道交通规划，钱江新城核心区范围内南北向 1 号线和东西向 4 号线各有两个车站，线路的长度约为 5.2hm，地铁站点密度为 1 个 /km²，轨道线密度为 1.3hm/km²，与伦敦、巴黎、纽约等国际大都市相比，差距较大（见表 6-5）[1]。

钱江新城核心区与伦敦、巴黎 CBD 轨道交通比较　　　　表 6-5

城市	轨道线路（条）	轨道线长度（km）	轨道网密度（km/km²）	轨道站点数（个）	轨道站密度（个 /km²）
伦敦金融城	8	18	7	12	4.62
巴黎拉德芳斯	5			2	1.25
钱江新城	2	5.2	1.3	2	1

从杭州市的线网规划来看，基本上是从西湖老城中心向外反射，线路和站点以及建设时序安排上对钱江新城的 CBD 考虑不足（见图6-9）。虽然目前钱江新城已经启动建设，并且规模非常大，而这段期间基本上是无法得到轨道交通支撑的。

（5）路网体系不完善，次干道和支路网络不畅

核心区内部路网采用的是等级分明的快速路—主干路—次干路—支路系统，虽然道路用地比例很高，但是次干道和支路网络不畅，最终所有的车流

1 同济大学交通运输工程学院 . 小陆家嘴地区道路交通系统规划研究 [R]. 浦东新区建设与交通委员会，2007.6；18-25.

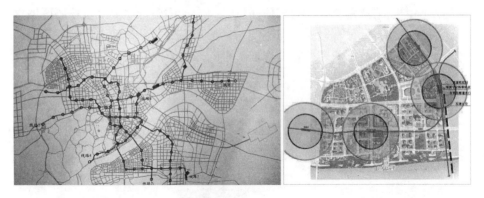

图 6-9　钱江新城核心区原有轨道交通方案

都汇集到几条主要道路上，流向非常集中，加上核心区部分地段的功能布局集中，开发强度高，由此造成局部道路压力过大。

（6）停车泊位缺少控制，地面道路交通压力巨大

杭州市虽然有停车标准，但是缺少针对中央商务区域的特定标准，根据杭州市停车一般标准，核心区规划预留了 3.3 万个停车位，在早晚高峰时刻，大规模车辆流进流出，将拥堵在楼宇和核心区出入口，会对核心区内外的道路造成巨大压力。

钱江新城的规模和开发强度是在多方论证的基础上形成的，是对其规划定位的呼应，新城核心区将建成为杭州的 CBD，其用地总量和建筑面积展现的是杭州市的整体发展实力。相比国内的同类型城市 CBD 区域，钱江新城从用地或者建筑规模上均较大，其道路网络也已基本形成，那么这种空间结构格局是否能够避免交通高峰时刻交通拥堵和减少机动车出行？是否会引导以公交为主导的交通结构？以下通过交通模型来分析交通方式构成和道路服务水平。

3. 交通方式构成分析

（1）分析方法

交通方式构成分析方式以钱江新城核心区内各地块土地的开发规模及就业岗位数为权数，使用加权平均法将核心区总的地面交通的交通量分配到各地块。并依据杭州市综合交通规划中城市各个交通大区对钱江新城吸引比率的不同，按比例分配估算出高峰时段交通出行的对外方向。最后使用 TransCAD 软件模拟交通量在核心区域及周边路网上的分布。

分析时段：预测主要时段是工作日高峰时段，杭州市居民出行在早高峰时段更为集中，所占出行百分比更大，因此确定本次预测时段为早高峰小时。同时核心区内主要为工作区域，为简单起见，假设在早高峰时段进入核心区内的城市居民出行主要目的为上班通勤，而货运、上学、购物、观光等其他目的的出行不在本次预测范围之内。

交通小区的划分：内部划分为 156 个小区，为各个地块机动车交通的始发点或终结点。外部区划分为 24 个小区，代表 24 个对外联系通道。

总出行量的确定：通常新开发区域出行量可以通过区域内不同开发性质的建筑面积或就业岗位数及其单位出行吸引量指标来预测。但是这样预测的结果主要反映的是区域内每日平均的出行量。考虑到钱江新城核心区内居住用地较少，规划住户 1.1 万户。因此区域内的工作出行占很小的比例，钱江新城核心区内工作岗位吸引的工作出行主要来自核心区域之外。因此使用区域内规划岗位数对交通量进行估计。杭州市钱江新城核心区控制性详细规划中规划的就业人数约为 24 万人，扣除旅馆及商业就业人员后约为 20 万人。根据其他城市交通规划研究的经验，高峰小时出行量在数量上取就业量的80%，总出行量为 16 万人次。

机动车出行 OD 分布预测：由于到达核心区内的工作出行主要来自于核心区外。可以利用杭州市综合交通规划中各个大区之间对机动车吸引比例的不同，估算出机动车从各个方向进入核心区的比例，由此可以计算出机动车出行的发生量，再将进入核心区的机动车出行量，以区域内各个地块的开发强度为比例，分配到各个地块中，得到各个地块的机动车出行的吸引量。

规划道路容量估算：核心区周围及内部区域内有高架路、主干道、次干道和支路共 4 种机动车道路。庆春路过江隧道按规划取 1400pcu/ 车道 h，其他道路按照经验数值，快速高架路通行能力取 1500pcu/ 车道 h，主干道、次干道、支路分别取 750pcu/ 车道 h、550pcu/ 车道 h、400pcu/ 车道 h。由此可以得到各路段通行能力。

交通量分配：本次预测通过随机使用者均衡法，借用 TransCAD 软件进行交通量分配模拟。路段的交通运行水平变化可由服务水平的变化来衡量。对于某一路段来说，其长度不变，车辆的行程速度由行程时间决定。路段新增交通量对服务水平变化（即行程速度的变化）的影响也可通过路段行程时间的变化来表征。使用者均衡的交通量分配方法假设出行者总是选取出行时间较少的路线出行，由此对交通量进行分配。以服务水平为参考依据，对核心区内交通分配的结果进行考察和分析。

（2）交通方式比较

● 步行交通方式

步行方式的取值应与城市的特征相符。根据杭州市居民出行比例调查的结果，以及居民工作、购物、生活等目的地实际研究来看，杭州市居民步行出行所占比例较大（高峰小时步行出行比例约为 18.2%），这是由于市区内土地使用的特点以及居民出行条件决定的。在杭州市区内，土地的使用性质较复杂，大多数土地为综合型用地，因此，在居民适宜的出行距离上，能满足大多的出行需求。另外，由于城市居民的生活水平和城市交通状况的限制，使得较多的人选择步行作为主要的近距离出行方式。这种局面随着地区距离城市中心的逐渐变远，也不同程度地影响出行的构成比例。因此对到达钱江核心区的步行人流研究主要在距离核心区周边的大约 500m 的居民生活区。经查勘，在研究区域内的总人口数量约为 79421 人。这些居民区以外的居民由于出行距离过远，步行到钱江新城核心区的人数非常少，因此不予考虑。高峰小时到达核心区域内的总步行量约为 8000 人 /h。约占高峰小时到达钱江新城核心区总人流数量的 5%。

● 自行车和助动车交通方式

根据杭州市 2000 年居民出行调查报告，自行车交通占居民出行方式构成比例为 42.77%，早高峰小时，自行车交通出行比例为 24.24%。根据杭州市交通规划预测，到 2010 年，自行车及助动车交通方式所占总出行比例为 21.6%。预测到规划期末，早高峰时段进入规划区内的工作出行中，自行车及助动车交通方式比例为 20%，出行人数为 3.2 万人。

● 地面公共交通方式

地面公交进入钱江新城有 6 个主通道。地面公交主要为公共汽车，其运输能力取决于发车频率和单车载客量。假设发车频率取了每小时 60 车次，载客量为每车 45 ~ 52 人次，约占满载量的 70% ~ 80%，余下的空间要留给过境乘客，那公交客运可占总出行（16 万人次）的比重为 30% ~ 35%。上述估算中，要求公交主通道上每个方向至少要有一条公交专用车道，停靠站必须为港湾式。公交线路可以根据实际情况采取常规、区间车、大站快车或 BRT 的形式。

● 轨道交通方式

根据施伟拔公司提出的杭州市轨道交通网，核心区有地铁 2 号线和地铁 4 号线，2 号线主要站点有新塘路站和城市枢纽站，4 号线有城市中心站以及和 2 号线相交的枢纽站。其中 2 号线新塘路站位于核心区西北侧，远离中心区；在核心区外侧，清江路西南侧 4 号线有一站可以为核心区服务。估算现状的轨道高峰小时运载能力为 3.0 ~ 3.6 万，占总出行量的 18.8% ~ 22.5%。

（3）方案比较

由以上分析基本上可以确定步行交通方式比例为 5%，自行车交通比例为 20%，其余的 75% 交通为机动化交通方式，分别由地面公共交通、轨道交通和小汽车方式构成。如果轨道交通保持现有规模，则地面交通方式（地面公交和小汽车）需承担 55% 左右的出行比重（见表 6-6）。根据前面的分析，在极端情况下，地面公交的比例也不会超过 30% 左右，由于钱江新城外围交通已经非常拥挤，地面公共交通难以提供高品质的服务，这与钱江新城的发展目标相悖。下面将以不同的组合方案，对地面公交、轨道交通、小汽车这三种交通方式比例进行测算分析。

钱江新城核心区交通方式构成方案比较　　　　　表 6-6

交通方式	方案一	方案二	方案三	方案四
地面公交	35%	35%	25%	25%
轨道	20%	30%	40%	35%
小汽车	20%	10%	10%	15%

　　方案一是尽量满足地面公共交通的要求，使地面公共交通服务量达到最大，即占总出行比例的 35%，则规划区内主要干道上需要设置公交专用道，考虑到公交站点密集对道路交通的影响，估计公交专用道将占用线路上道路交通能力的一半；不增加轨道交通的线路，且规划的两条线路都达到规划的运量，占出行比例的 20%；剩余的 20% 出行使用私人小汽车的交通方式。交通量模拟显示核心区内超过 45% 的主干路路段和约 40% 的次干路路段服务水平低于 F 级，对外联系通道几乎无法通行，道路拥挤现象严重。

　　方案二是地面公共交通仍保持 35% 的出行比例，增加轨道交通的线路，使轨道交通的出行比例达到 30%，剩余的 10% 出行使用私人小汽车的交通方式，交通量模拟分配结果显示核心区对外联系通道非常拥挤，超过 30% 的主干路路段服务水平低于 F 级，超过 25% 的次干路路段服务水平低于 D 级。其中解放东路段最为拥堵，通过西兴大桥到达市中心区的交通量较大，非常拥堵。

　　方案三是继续增加轨道交通的线路，并达到轨道交通的最大运量，占出行比例的 40%，地面公共交通比例为 25% 的正常水平，剩余的 10% 出行使用私人小汽车的交通方式，交通量模拟分配结果显示核心区内部交通良好，对外联系通道交通量虽大，但尚在路网承受能力之内，还可以适当提高小汽车交通方式的承担比例。

　　方案四是地面公共交通比例为 25% 的正常水平，15% 出行使用私人小汽车的交通方式，增加轨道交通的线路，轨道交通出行比例为 35%，交通量模拟分配结果显示核心区内约 45% 的主干路服务水平低于 D 级，对外联系通道非常拥挤，其中新安江路—解放路路段较为拥堵，可以看出小汽车承担的比例不能再提高了。

图 6-10　不同交通方式构成方案下的钱江新城核心区道路交通服务水平

从上面的几个方案的比较分析研究可以得出（见图6-10），2020年核心区内高峰小时出行方式步行交通为5%，自行车为20%，常规公交为25%，轨道交通为35% ~ 40%，小汽车为10% ~ 15%。

（4）优化策略

从交通方式构成分析可以看到，按照目前的交通体系无法满足新中心高强度的用地开发模式，如果不进行相应的调整，提高公共交通的运输能力，那么将会导致大量的就业人口采用小汽车通勤，道路将会非常拥堵。受制于地面交通的运输能力，轨道交通和公交专用道需要得到充分重视，需要采取相应的优化措施：

1）协调土地功能开发与交通的关系。结合交通运输能力，合理控制地块的开发强度；在核心区周边和内部提供完善、优质的可供选择的居住生活设施，以吸引在核心区工作的人就近居住，降低远距离和机动车比例；核心区内部提供多种活动和就业岗位，以保证交通活动在全天内可以相对均匀分布。

2）改善与外围的交通连接，提高内部道路网络的运输能力。将与核心区之间有密切联系的地区作为泛CBD地区，统一考虑交通改善计划。增加地区对外疏散的出入口，提高疏散能力。采取外围分流或限制进入等管理手段降低入境交通总量。调整核心区内的路网系统，打通内部微循环，提高支路网利用率。

3）建议增加轨道交通线路，提高轨道交通的比例。在现有规划的轨道交通水平下，即使地面公共交通达到最大的服务水平，规划区内道路网络仍然无法满足剩余20%比例的小汽车出行需要。只有增加大运量的城市轨道交通线路，才能缓解钱江新城核心区内拥挤的地面交通。

4）提高地面公共交通系统整体运行效率和服务水平。主要道路控制公交专用道，根据实际情况采取常规、区间车、大站快车或BRT的形式，改善公交车的服务水平和发车频率。

5）改善自行车通行条件。虽然自行车交通所占比例逐年下降，但在现阶段和将来相当长一段时间内仍然在全市交通中占据相当大的比例。与其他交通方式相比，自行车交通在高峰小时与机动车交通冲突最大，因此应当考虑主要道路上的自行车通行条件和道路交叉口自行车的安全问题，尽可能创造与机动车分离的自行车道，减少自行车对机动车交通的影响。

6）建设整体的步行交通网络。充分利用地下通道和地上二层连廊，形成综合立体的交通空间，形成丰富、清晰的整体步行交通框架，重视网络衔接处的步行交通节点，重点考虑综合协调和考虑区域内的步行交通发生源与步行交通目的地之间的关系。

7）提出合理的停车配建标准。合理布局社会公共停车场，引导和控制小汽车停泊活动。

4. 道路与轨道交通整合

从钱江新城核心区不同交通方式构成方案的道路交通服务水平来看，主要的问题来自与外界的道路联系和与城市轨道交通网络的关系，其他的内部道路、停车、自行车和步行网络均为核心区内部的规划调整。以下重点分析与外围道路和轨道交通的关系。

（1）跨江通道联系

钱江新城核心区的道路网络是杭州市的重要组成部分，主要的对外联系方向是向西与老城、向东与萧山城区的联系。根据城市总体规划和核心区规划，新城区与老城区的通道骨架由北到南的道路有庆春路（主干道）、新业路—采荷路—平海路（次干道）、解放路（主干道），清江路（主干路），望江路（主干路）。由于钱江新城核心区开发处于初期过程，其开发计划仍具有一定的调整余地，所以有必要就通道问题作一定的探讨。

钱江新城及其他城市中心发展也会影响到城市长远的功能格局和交通流向，需要从城市整体层面分别考虑。由于城市发展战略从西湖时代走向钱塘江时代，城市沿钱塘江两岸分布功能组团，钱江两岸之间的车流客流量仍会持续增加，中心区之间考虑规划建设和预留新的过江通道（见图6-11）。

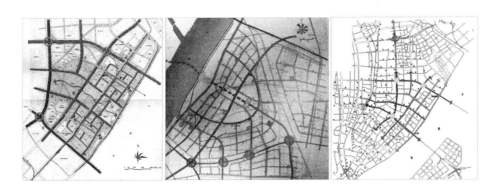

图6-11　钱江新城核心区与老城区联系通道

解放东路隧道与对岸钱江世纪城有两种接线可能（见图6-12）。方案一是接世纪城的内环，这种接法可强化世纪城与钱江新城的内部联系，减少通过这条通道进入钱江新城的过境交通，解放东路上的出口可以考虑安排在钱江路东侧，以避免与钱江路下穿通道之间的交叉处理。方案二是接世纪城青年路，这种接法可以加强湖滨中心区、钱江新城与萧山中心区、钱江世纪城的联系，其功能类似于庆春路隧道，缺点就是会引发大量的通过性交通穿越，在解放东路上的出口可考虑设置在钱江路的西侧。考虑到规划期内（2020年）城市的发展态势，为了减轻钱江新城巨大的交通出行压力，减少通过性交通，保证新城核心区的完整性，第一种接线方式应是推荐方案。同时，为减少穿越钱江新城的过境交通量，可参考上海世博会的经验，将该隧道定位为公交隧道，结合现有规划中的快速公交线路，灵活设置通过隧道的公交线路和旅游车辆，可以有效地控制解放东路隧道的车流量。需要根据钱江两岸的开发情况，特别是钱江新城和钱江世纪城的开发情况，适时慎重研究新的过江隧道。

图 6-12　钱江新城核心区跨江隧道接线方案比较

对外交通的考虑也会影响到核心区内的交通网络和组织，一方面是通过道路扩建 / 打通，以提高路网的容量，其二是要加强交通管理，以突出这几条线路。根据道路的建设进展，需要分别采取预留控制立交用地、打通次干道、交叉口预留渠化、公交专用道或者快速公交线路等措施。

（2）轨道交通调整

根据交通方式构成分析，钱江新城核心区的轨道高峰小时运载能力为3.0 ~ 3.6 万，高峰小时只能满足 20% 的出行量，为了更好地促进钱江新城发展，轨道交通的出行比例需要达到 35% ~ 40%，有必要研究如何增加通过钱江新城的运输能力，主要是增加城市轨道线路和调整现有的线网（见图6-13）。

措施一：调整 7 号线轴线，增加经过核心区的轨道线路。建议适当地调整 7 号线，加强钱江两岸的联系。7 号线长度 31km，西起钱江世纪城与 2号线形成双向同站台换乘，向东走向与机场高速平行直至萧山机场，然后沿北一直到江东工业园。该线为连接线，主要目的是加强江东地区和钱江世纪城的联系。建议 7 号线的起点改为杭州火车站，由火车站枢纽站出来之后沿解放路到新安江路，从新安江路过江，过江后接现有规划的 7 号线，线路向东可以到达机场和江东工业园。7 号线调整之后，在钱江新城内可以走新安江路两侧控制的绿化带，设两个地铁站，一个地铁站可与 4 号线换乘形成枢纽站，一个位于北部公园商务区。调整后的线路可以解决主城区到机场的交通问题，类似于上海的地铁 2 号线延伸段，可以在近中期实施。

措施二：调整 2 号线走向，增加对核心区的覆盖范围。就轨道线的走向和站场设计来说，南北向 2 号线是近期内可能开工建设的一条轨道干线，车站实际上已经偏离了核心区，整个 2 号线基本上是从核心区东北部通过，并且该位置是未来庆春路隧道出口和立交桥位置，加上地铁站周边的换乘公交的设施，该位置的交通流会非常密集，既影响到庆春路的通畅，还影响到核心区对外的车流。在目前所确定的轨道网络基础上，2 号线可以适当地向西移动，车站可以服务到更多的面积。

措施三：缩短 4 号线站距，增加车站。4 号线的线路不变，在核心区内可以缩短站距，增加一个车站。

通过调整原有 2 号线走向，增加 4 号线站点，增加 7 号线之后，核心区内有 3 条轨道线，4 个站场，核心区西南侧有 1 个站场，其中有 2 个枢纽站，3 个中间站，地铁中间站在高峰小时的运载能力按 8000 ~ 10000 人，枢纽站按照 18000 ~ 20000 人计算。则核心区内高峰小时地铁的通行能力可以达到 5.5 ~ 6.5 万人，轨道交通可以承担 35% ~ 40% 的出行量[1]。

原有方案  调整方案一  调整方案二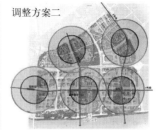

图 6-13　钱江新城核心区轨道交通优化方案

钱江新城核心区的案例是新中心建设的典型代表，新中心的构思、建设和完善也是在不断的推进和调整的。从最初带着交通体系能够满足高强度开发建设活动的疑问开始，到交通方式构成的探讨，可以看到即便是在杭州这样经济发达地区，即便是编制了一系列的概念规划和控规，空间规划也需要不断的检讨和调整。

四、新中心区规划建设策略

新中心是引导大都市区人口和产业发展的重大空间战略，对于原有城市格局的影响很大，新中心规划建设会影响到大都市区的交通需求和交通模式。大城市多中心战略下新中心区规划建设的目的是避免社会经济活动过分集中在已经非常拥挤的城市中心，改变单中心的城市空间模式，使得城市的人口

---

1 由于规划编制和审批程序，以及不同职能部门和管辖内容的影响，轨道交通的线路调整比较困难，特别是设计到较大范围的线路调整（如 7 号线）。不过核心区在城市的重要性及其交通面临的难题，得到了各级政府和轨道交通上级主管部门的重视，本研究提出的调整思路和措施得到了认可，并且在之后杭州市轨道交通网的调整过程中得到了优化。

分布和就业岗位之间的关系更加合理。新中心区所创造的就业岗位和活动空间，使得中心城内的就业密度不断提高，推动现有中心体系改变，进而对空间结构和居民出行模式产生影响。假如新中心的规划建设无法很好地推进，那么其他的空间战略也很难实现。以下从大都市区和新中心区两个空间层面，提出需要重点强调的策略。

1. 大都市区层面

（1）城市中心体系结合发展轴线，强化活动中心之间联系

充分利用新中心的开发建设，提升城市整体实力，优化大都市区空间结构的巨大机遇，做好与老城区、其他片区的功能开发和交通系统衔接。比如说拉德芳斯开发建设，交通设施结合开发轴，为未来城市发展开辟了广阔的空间。我国的大城市 CBD 建设，也需要和周边地区的开发建设和交通系统衔接起来。

（2）优化轨道交通系统，加强中心与外围居住之间的联系

在大都市区的视野下，CBD 交通系统需要强调区域间联系，要融入城市交通系统，应将 CBD 交通系统建设作为整体交通系统结构性调整和发展的历史性契机，最大限度地带动城市交通的完善并达到更高水平。

2. 新中心区层面

（1）控制开发规模和时序，与交通承载能力相适应

新中心的开发规模需要与大都市区的需求相适应，地块的开发强度需要得到有效控制，高强度开发地区需要有交通支撑能力，以避免造成整体或者局部地区的交通拥挤。

（2）鼓励功能混合，提高居住就业平衡水平

在核心区周边和内部提供适当数量、可供选择的居住生活设施，以吸引在核心区工作的人就近居住，降低远距离和机动车比例；核心区内部提供多种活动和就业岗位，以保证交通活动在全天内可以相对均匀分布。

（3）构建现代化综合交通体系，提高交通管理水平

由于城市和区域经济能力、原有空间结构差异，CBD 规划采取的交通结构和形式会有所差别。如拉德芳斯采用大规模分层交通系统，以实现人车分流；新宿更多地强调建设地下步行系统，将建筑设施、城市公交（如地铁）与之衔接，重视停放车辆设施的规划、建设和管理等战略。

第七章 旧城更新与交通整合

中国大城市交通拥堵的重要原因是中心城旧城区密集的人口和功能活动,旧城更新是大城市人口疏散和产业"退二进三"重构战略的重要组成部分,也是改善居民生活环境的实施措施。旧城区代表着大城市现有的活动规律和交通,现阶段中国大拆大建式的旧城更新活动,会对空间结构和交通模式产生什么影响?旧城区的人口密度和活动密度降低了吗?居民的活动和交通结构发生了什么变化?本章以株洲旧城更新研究为例,研究旧城更新与交通模式之间的关系,提出促进可持续交通的策略。

一、国内大城市旧城发展与交通困境

1. 旧城更新与规划建设

大城市空间结构演变是由现有建成区的内部结构调整和外部拓展构成的,随着大城市经济结构和产业结构的调整,旧城区原有的产业难以满足发展的要求,金融、商贸、服务、信息传播业等第三产业发展迅速,土地再开发活动活跃,而部分环境条件较差的居住社区,也需要更新维护。旧城面临着危房简屋大规模拆除、工业企业外迁、大型商业办公大楼和高层住宅等建设活动。旧城区的土地利用和功能活动发生转变,会导致不同阶层人群的空间迁移。交通基础设施建设也是旧城发展的重要内容,这些都会影响到旧城的空间结构和交通模式。

(1)商业办公集聚,加大旧城区的活动密度和道路拥堵

大城市旧城区一般是各种公共设施和商业办公最为密集的区域,土地商业价值高,商业购物活动旺盛,旧城区内商贸设施、办公的需求很大。旧城区在城市商业办公维持较高比例,新增的商业办公面积也是落在旧城区内。旧城区内靠近中心的部分用地会被再开发成商业办公大楼,由于旧城改造的拆迁费用和安置补偿费逐年提高,商业办公项目开发为了实现经济利润,会采用提高建筑密度、增加容积率等方式来增加更多的建筑面积,导致旧城区的商务办公和商业服务功能规模扩大和密度提高,对城市及周边区域的居民的吸引作用还在不断加强,吸引了大量的就业和购物等活动集聚,而这些项目在建设时候通常很少考虑到对周边交通环境的影响。旧城区本来存在交通拥堵,交通能力可提升改造空间不大,不断提升的活动密度会恶化局部地段的交通拥堵。

(2)工业企业外迁,破坏原有居住就业关系和活动规律

145

工业企业外迁是旧城更新另一个重要内容，其置换出来的土地是旧城主要土地来源。许多大城市旧城区内有不少的工业企业，随着城市规模扩大，这些本来位于城市边缘的工业企业已经被包围在城市中间了。有一部分工业企业经营效益不佳或者有污染，对周边的环境有影响。随着各地政府的"退二进三"政策推进，促使工厂从高地价的中心区迁出，选择迁到郊区[1]。20世纪90年代以来上海进行了产业结构调整，并在市中心进行了大量的土地置换和"退二进三"，并动迁了大量的居民。1992～1998年内环线内有713户工业企业和891个工业生产点被调整疏散，共有505万 m^2 的用地被调整成房地产和第三产业。

多数的工业企业搬迁考虑的是改善物质环境和提高土地效益，而对我国特有的"单位制"的工业企业机制和涉及的人群缺乏多重考虑和政策扶持，还会使一些低收入阶层的生活环境进一步恶化，出行的模式也会走向更长距离、更长时间、更大比例的机动车、更高的出行支出的不可持续的模式。由于旧城区内的工业企业和机构有很大一部分是国有企业或者事业单位，这些建国以后建设的"单位"一般都会就近配套建设职工住房，还有各种学校、医院等公共设施，长时间来已经形成了相对稳定的社区和活动模式（见图7-1）。目前对于旧城区内的企业普遍采取的"退二进三"通常都是搬迁之后住宅或者第三产业开发为主，这些效益较差的企业要么选择关门，要么要到很远的地方再新建厂房，而这些企业的职工相对收入水平不高，再就业能力不强，"单位"背后的医疗、社保等福利制度也制约着他们重新选择就业岗位，所以承受的影响会更大。由于郊区工业区各类公用服务设施都存在不同程度的缺失，周边新建居住区很难在短期内吸引居民置业定居，虽然工厂外迁了，但是工厂的职工仍然是居住在原有的社区，职工需要长时间和长距离的通勤，增加了员工的交通成本。

图 7-1　株洲市边缘工业组团清水塘工业区—厂区生活区关系

---

1 邹毅. 旧城改造项目面临八大方面的问题 [N]. 经济参考报，[2007-08-14].

（3）居住社区拆建，导致局部地区密度提高和居住分异

在开发成本制约和经济效益的驱动下，旧城在开发的居住小区强度普遍较高，不可避免会加大局部地区的居住密度。20世纪90年代上海的旧城改造活动拆除了大量低层的危棚简屋和工厂，却涌现出来数以千计的高层住宅楼，居住高度集中对于现有的公共设施和交通设施会造成巨大的压力（见图7-2）。疏散人口和减轻旧城交通压力本来是旧城更新的主要目标，但缺少整体考虑的开发活动却偏离了目标，造成局部地区人口密度越来越高。

图7-2　上海淮海中路百盛商厦改造前后对比

旧居住区改造后原有中低收入住户的外迁和中高收入住户的迁入，还导致了居住分异。20世纪90年代初上海市内环线以内建国前旧式里弄住宅共有4000万 m²，经过20世纪90年代"365"危棚简屋改造拆迁了一半，至2000年底约拆除了2000万 m²，先后共动迁约100多万居民由市区搬迁到郊区[1]。这些旧居住区改造时多数采取拆除后重建成中高档次居住小区，吸引了中高收入阶层家庭迁入，原来的中低收入居民在被强行迁出之后，无法回归原有的居住社区[2]。

2. 旧城更新面临的交通困境

旧城区本来就是交通最拥挤地区，虽然城市已经投入大量的资金用于道路设施建设，增加了道路面积和长度，但同时也面临着人口和活动强度增加，机动车使用比例增加，旧城区的交通模式也面临困境，表现为：

（1）道路运输能力的提高跟不上交通需求增长

旧城道路拥堵是因为人流车流远远超过道路的承受能力，政府虽然加大交通投资，来提高现有道路网络运输能力，但是新增加的通行能力远远无

1　路建普 .1980 年代以降上海市人口分布变化研究 [D]，同济大学硕士论文，2003 年 3 月 2 日 .
2　万勇认为，旧城更新是双刃剑，对城市的社会、经济和城市规划可能造成负面影响。社会层面，有可能导致拆迁致贫等社会向下流动现象，在改造与未改造地区之间社会差异明显、社会隔离和分异现象，居住困难群体得不到改善甚至加剧等情况；经济层面，可能会造成企业关闭破产等窘境，破坏传统商业心态等；规划层面，过分强调开发项目重要性导致空心化现象，在实行人口疏散的同时导致居住分异等。万勇 . 旧城的和谐更新 [M]. 北京：中国建筑工业出版社，2006；113-114.

法满足交通需求增长。由于旧城区的道路网络形态和运输能力是在长时间的社会经济发展过程中形成，路网的形成带有明显的历史特征和地理特征。而经过前期拓宽、打通、高架等工程方法改造之后，旧城区内可以继续增加的道路长度和面积来增加运输能力的空间已经不大，近年只能更多采用单行道、信号灯管理等交通管理的方式来提高交叉口和路段的道路速度和流量，上海、广州等大城市已经开始考虑经济杠杆，在局部旧城区内的拥堵收费等方式。

旧城区的道路拥堵与原有的道路交通体系运行能力不够有关，也与中心城不断增加的人口和活动强度有关。相对于还在不断增加的人流车流，纯粹依靠道路建设来增加交通供给的方式，只能促使更多居民使用小汽车，很难解决交通拥堵的难题，迫切需要将旧城区内的交通建设与土地开发活动结合，从引导交通需求出发，才能更好满足旧城的发展需要。

（2）轨道交通规划建设与土地再开发缺少衔接

一些高密度的旧城区内人流和活动集中，纯粹依靠地面公交无法满足居民进出需要，只能通过大运量和高速的轨道交通才能够更好地提高旧城区的运输能力。目前上海、广州、北京等大城市的轨道交通已经通过旧城区，还有很多大城市的轨道交通建设计划也有经过旧城区[1]。不过从轨道交通网络的规划来说，轨道交通的线网布局、站点和建设时序很难与旧城更新的地块开发和功能调整结合起来。线路布局更多是从施工考虑，采取沿现有主干道的走向，轨道站点周边地区既是现有开发密度最密集的地方，也是地面交通最拥堵的地方，站点周边可以开发的土地不多，对于土地利用与轨道交通如何结合仍缺少很好的考虑和衔接。轨道交通作为引导城市土地开发和交通模式的重要措施，与外围郊区扩展有便捷联系，假如不能够充分地利用，那么大都市区空间规划多中心、人口疏散等目标就很难实现了。

（3）滞后发展的公共交通无法与私有交通竞争

20世纪90年代在很多拥堵的大城市中，因为公交车速度慢、乘车环境差，使得很多居民纷纷转向摩托车、小汽车等交通方式，导致道路更加拥堵，公交车的速度更慢，服务质量更差。虽然有一些大城市纷纷提出公交优先战略，开始在旧城区内建设公交专用道、港湾式停车等以提高车辆运行速度，提供更多的公交车量以增加运输能力，但是相比道路交通的投资，旧城的公交份额仍然很少，无法对私有交通形成竞争优势。

---

1 关于轨道交通与旧城区之间到底是什么样的关系，还是有争议的。有一种观点认为将轨道交通引入旧城区，会进一步增加中心区的活动压力，所以应当将轨道交通从旧城区的边缘经过。问题的关键在于，旧城区内的开发活动不会因为轨道交通从外侧经过而停止，当旧城区内的活动仍在不断增加的时候，轨道交通站点却与人流最密集的地带距离较远，那么没有很好的功能替代的情况下，大量外围的居民仍需要到中心区就业或者购物，他们从轨道站点出来之后，还需要花很长时间步行到活动地点，假如超过一定距离的话，那么就会有一部分居民会转向其他的机动方式。

（4）缺少停车容量控制诱使高比例车辆拥有率

旧城改造时高强度的商业和居住开发项目产生大量的停车需求，对于有限的停车设施容量和道路会造成巨大的压力。我国大城市基本上都有停车标准，但是在不同的区域缺少差异，也就是不管是在旧城区内还是边缘，不管是高强度还是低强度开发的项目，都是按照建筑面积来配置。旧城区内开发的商业或者居住项目，单位占地面积上的开发强度高于外围地区，所以相应的建筑面积就更大，配置的停车位也更多，加上商务办公建筑的使用人群的收入水平较高，进出这些区域的人群使用小汽车的比例很高。缺少法规层面的停车泊位会鼓励建设过多停车位，很容易造成旧城区内车满为患，道路不堪重负。

（5）受挤占的出行环境减少非机动化出行比例

旧城机动车比例增加的同时也是非机动化交通的比例在日趋萎缩。大城市非机动化交通向来保持较高的比例，可是随着道路空间日益为机动车所占领，可供居民出行的自行车和人行通道被一再挤占，非机动车方式缺少适宜的、有良好环境的出行空间。步行比例剧减是当前旧城区居民出行比例变化最为明显的，每一次交通调查可以看到的结果都是步行比例减少，而机动车比例不断提高。

（6）低收入阶层的出行能力不断弱化

从上海边缘区的出行调查可以看到，外迁的中低层收入居民在搬迁之后，工作岗位仍然位于中心区内，外迁改变了原来步行和自行车的通勤方式，交通距离的增加使得他们转向机动化的交通工具，而边缘区通常缺乏很方便的公交服务，居民会倾向于购买摩托车、助动车甚至小汽车之类的交通工具，居民的出行时间和成本费用上升。一部分居住在旧城内环境条件的社区居民，同样缺少公交服务，居民的出行条件较差，也因此影响到他们的就业和出行活动。

从以上分析可以看出，以住宅、商业办公、企业单位外迁为内容的旧城发展影响居住空间结构和活动的强度和分布，导致局部地区人口和功能活动的密度增加，进而影响到居民的交通模式。旧城区特定的高密度的人口和建筑密度，普遍存在道路紧张和停车设施匮乏的矛盾，在机动化进程的背景下，现有以步行和自行车为主的交通模式，可能转向公交和小汽车等机动车为主的模式，单纯通过拓宽道路等交通基础设施建设来增加交通供给无法满足交通需求，低收入阶层的机动性也无法得到保障。大城市旧城更新面临着如何引导交通模式转型，如何整合交通建设与土地开发的难题。

二、国外旧城更新的经验借鉴

西方国家在旧城更新走过的历程和取得的经验值得国内大城市借鉴。第二次世界大战后，西方国家由于战争的破坏而进行的大规模的城市重建运动，其重点是改善城市中破旧的房屋和住房紧张以及基础设施落后等物质性的问题。旧城区内出现大规模推倒重建，许多城市在中心区建设了高楼大厦。1950～1960年代经济增长使对城市土地的需求高涨，城市中心区的区位优势吸引了高营业额的产业如金融保险业、大型商业设施、高级写字楼等。而原有的居民住宅、中小商业和制造业被置换到城市的其他地区，高获利的商业取代了居住用途。旧城区的商业办公发展带来的是居住向郊区分散和内城居住环境的变化。当旧城区原有的基础设施和公共设施已经不能满足新的发展要求时，一些大城市中的中产阶级和高收入阶层逐渐向郊区迁移，由此加剧形成钟摆式交通堵塞问题，而城市中心逐渐被低收入阶层所占据，城市中心变成衰败的地区，出现经济萧条、物质设施老化、社会治安恶化等问题。20世纪六七十年代以后，欧美的城市更新运动出现了一种"绅士化"（Gentrification）的倾向，一些中产阶级家庭自发地从市郊迁回城市中心区，中产阶级家庭的迁入，增加了居住地区的税收并带来一些投资，改善了居住环境，平衡了城市交通的压力。

西方国家旧城更新是一个不断摸索和调整的过程，从1950年代的旧区大规模的重新建设逐步转向局部的改善，再到以大型项目为导向来刺激整个区域的发展。归纳起来，旧城更新的经验包括：

1. 加大衰落地区投资，提高地区经济活力

制造业外迁和郊区产业发展的背景下，城市内部出现了废弃工厂和码头之类，为了能够激活中心城，这些城市相应地提出各种公共设施、旅游设施更新项目。旧城更新的重点是政府加大对衰落地区的投资，推动衰落地区的工厂企业外迁和吸引商业等服务业进驻，提高环境质量，建设标志性的公共设施，鼓励各种文化、娱乐和商务活动，以提高地区经济活力，创造更多的就业岗位。伦敦泰晤士河南岸地区改造之后已经成为伦敦市最迷人的地区之一，拥有全国最好的艺术、文化中心，有近500个当地居民在计划援助下获得固定职业；有7000名学生事业发展得益于计划的实施（见图7-3，表7-1）[1]。

图7-3 英国伦敦道克兰发展区

---

1 伦敦道克兰发展区经过多年的努力，也提高了就业岗位和人口，进一步形成了更广泛的伦敦劳动力市场，并且在失业状况呈下降趋势的同时，市场保持具有较高的活力。对于就业岗位最大的争议在于这些就业岗位有多少为当地的居民所获取，统计显示60%～75%的新工作岗位是从伦敦其他地方迁移过来的，机械化与计算机的普及造成了大量失业。郭洁. 案例集萃 [J]. 国外城市规划.2006（2）：105-110.

伦敦道克兰发展区的主要基本指标　　　　表7-1

年份	人口	工作岗位	住房	私有住房比率	公司数量	城内居民工作人数
1981 年	309 万	2.7 万	1.5 万套	5%	1014	5200
1998 年	8.4 万	8.4 万	3.6 万套	44%	2600	5.0
预计	11.5 万	16.8 万	5.0 万套	52%	5000	13000

2. 提供居住服务设施，提高社区的凝聚力

居住社区更新是对旧城内住宅的改建、扩建、重建和环境改善。伦敦道克兰地区更新的原因就是社区大量的人口失业和恶劣的住房条件，缺乏满足居民生活所需的基础设施，为了振兴该地区的经济，实施城市更新项目，给该地区带来了一片繁荣景象。多伦多的更新侧重于居住社区的改造，以提供更多的居住及工作设施，提高社区的凝聚力，加强对历史文化建筑的保护。

3. 增加公共交通建设，提高居民的机动性

由于旧城区衰落、居民贫苦与地区交通可达性之间的关系，政府均采用交通设施的投资来促进地区的发展，以加强旧城区与外部就业地区的联系。改造前的伦敦道克兰地区缺少轨道交通提供方便快捷的服务，两条主要的铁路线不能直接到达伦敦中心，住户需转乘地铁才能达到城市中心。政府投入大量资金改善道克兰地区内部及其与外部地区交通通达度状况，用于改进交通运输设施的费用几乎占整个公共部门投资的一半。交通条件的改善带来巨大出行效益，居民可以利用建设的交通基础设施工具出行，节省居民出行时间，增加就业机会。城市交通体系项目是多伦多旧城更新的重点，包括建设长达 40km 的城市地铁系统，联系城市地区各主要交通节点；建设一条现代化的轻轨线路，联系旧城与新的文化、艺术、休闲中心及商贸区。重建中央火车站，使之成为一个可满足各种交通方式（公共巴士、地铁、高速列车等）换乘需要的综合交通枢纽等[1]。政府部门投资交通基础设施的内容以轨道和公共交通为主，重点是加强地区与外部之间的联系，提高地区的交通可达性，以增强对工作和居住的吸引力。

4. 改造现有交通干道，提高土地的整体性

在新增交通基础设施的同时，现有交通设施的改造也是旧城更新的内容。以波士顿中央干道的隧道工程为例，建设于 1950 年的波士顿干道由于交通拥堵，交通事故、汽油浪费、尾气污染、时间延误等带来的损失每年已达 5 亿美元。原有中央干道不仅面临严重的交通问题，还造成了波士顿北部及滨水区与城市中心区的隔离，已经成为影响地区经济发展和城市

---

1 郭洁. 案例集萃 [J]. 国外城市规划.2006, (2): 105-110.

生活质量的瓶颈。波士顿隧道改造工程是在现有的高架路以下建设 8 ～ 10 车道的高速路，现有的高架路拆除之后，在地面预留公共空间进行适度开发，通过交通条件和城市环境的改善，吸引更多的居民和旅游者，促进商业繁荣。项目的实施使高架路周边新增了 50 万 m^2 的办公楼，刺激了原来惨淡的商业办公租售市场，使港区和市区连为一体，带动港区的发展。波士顿隧道改造工程还加强中心区与周边市镇的联系，也带动了这些市镇的工业厂房租售和使用（见图 7-4）[1]。通过对交通干道和高架路等分隔城区的空间的改善，可以促进城区和周边地域的发展，提高沿线土地利用和功能的整体。

图 7-4　波士顿中央大道改造工程

　　以上的对比可以看出，国内外在旧城更新的目的和理念上还是有一些差异。从经济层面来看，欧美城市旧城更新活动是为了解决郊区化过程中大量的就业岗位和商业设施外迁，而导致旧城衰败而带来缺少活力和失业等提出来的改善措施，轨道交通和公交等基础设施建设上是为了改善旧城区内的可达性，大型项目和公共设施是为了提供就业岗位和优化环境，这与目前我国中心区面临的问题有差异。我国大城市更多面临的是旧城区内活动过于集中，项目开发缺少控制，交通基础设施相对不足所造成的功能混乱、交通拥堵问题，旧城更新的目标是实现老城区的人口和产业疏散，改善城区环境。从社会层面来看，国外旧城更新对于中低收入人群的关注值得我们学习。前期国内旧居住区更新更多是物质环境的改善和功能转变来实现土地的经济效益，缺乏对社会问题的深入考虑，大拆大建改变了原有的社区邻里结构和就业结构，也破坏了以步行和自行车为主的交通模式。此外国外旧城更新在提供公共空间、改善商业环境、鼓励步行等方面可以借鉴。

1 孟宇. 城市中心区交通设施更新实例 [J]. 国外城市规划 .2006，（2）：87-91.

三、案例研究——株洲旧城更新研究

为了研究旧城更新与交通模式的关系，本文选择株洲旧城区为案例做深入分析[1]。株洲旧城区在空间结构特征、开发活动与交通方面具有代表性特征，研究由当地部门提供大量的土地规划和交通规划数据。

1. 研究背景

株洲是我国南方重要的交通枢纽，湖南省以高新技术产业为先导的新型工业基地和现代物流中心，长株潭城镇群的核心城市之一。旧城区是株洲的发源地、传统的商贸中心，位于河东地区（见图7-5）。全国性的铁路枢纽——株洲火车站位于区内，由交通枢纽和商贸活动导致的人流密集，旧城区内商业、办公等设施密集，等级高，辐射力强，活动多，土地开发强度和使用强度高，聚集了大量的就业岗位和居住人口，吸引了大量的客流。虽然河西城市新区已经初具规模，但旧城中心依然具有较高的吸引力，有进一步集聚的趋势，交通压力越来越大。2007年12月长株潭城市群经国务院批准，成为"全国资源节约型和环境友好型社会建设综合配套改革试验区"，两型社会对株洲市促进社会、经济、环境和旧城更新的可持续发展提出了更高的要求和动力，旧城区对于城市和区域仍具有重大的意义，旧城更新成为株洲市需要重点考虑的问题。

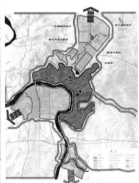

图7-5　株洲旧城区区位图

2. 空间结构特征

株洲作为中国南方铁路枢纽城市，其企业、批发市场等产业发展与火车线路和站场密不可分，建国以来也有不少国家重点企业落户，单位式社区的特征明显。旧城区因为湘江、铁路分隔、火车站、工业企业、批发市场等因素，

---

1 株洲市政府于2007年8～12月委托中国城市规划设计研究院、清华大学、同济大学、奥雅纳等四家机构编制株洲旧城更新概念方案，本人结合论文研究主题，为中规院方案提供交通专题支持。

形成了特定的空间结构特征。

（1）铁路为界的二元格局

株洲旧城以铁路为界形成东西两片截然不同的格局。铁路以西到沿江主要是城市街区格局，有城市传统的商业、商贸中心，住宅街区，具有很高公共性，城市级的公共服务设施也主要布局在该地段。铁路以东基本上为"大院"格局，主要包括各个企业为单位构成的"小社会"，高等学校为单位构成的"小社会"，以及较为完整的居住区，具有私密性和半私密性的特征，该地段内各类公共服务设施主要是单位大院式的内部社区级公共服务设施。

（2）差异明显的肌理特征

不同功能的肌理特征十分明显，城市商业地段街道井然，密度较高，沿街道"一层皮"式的开发特征十分明显。市场区建筑密集，体量大，建筑密度很高，除街道外几乎充满整个街区。工厂区建筑群落明显分为工作区与生活区，一般都还保留有部分空地。成型居住区密度适中，布局相对有序完整。私房区建筑密集、体量小，布局自发随意，相对混乱，缺乏开敞空间和公共服务设施，规划范围边缘地带还存留有部分农地和未利用土地（见图7-6）。

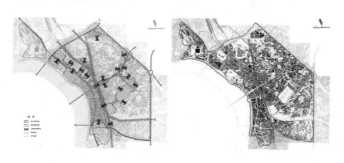

图7-6　株洲旧城区二元格局与空间肌理

（3）混杂不均的土地使用

土地使用的分布特征具有公共服务设施、居住、工业占主导并有集中分布的特点，公共服务设施主要集中分布在铁路以西神农公园到建宁港步行街地段，也是城市生活最具活力的老城中心地区。另外教育科研用地主要集中在铁路以东、规划范围东南部；规划范围西北建设有汽车城；东湖公园以东集中分布有行政办公用地。工业用地主要分布在规划范围周边地区，也是最能体现株洲工业文化、厂区社会的地区。现状城市级的公共服务设施主要分布在铁路以西中心广场、火车站、芦淞市场等旧城中心地段，其他地区比较缺乏。社区服务设施分布也不均衡，主要结合工厂生活区进行分布，周边地段严重缺乏这类设施，尤以私房区为甚（见图7-7）。

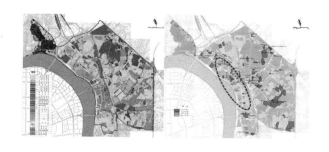

图 7-7　株洲用地现状与公共
设施分布

（4）参差不齐的建筑质量

旧城区各个时期、各种类型的建筑混杂，建筑质量参差不齐。按照建筑基底面积统计，约 25% 的建筑需要进行更新改造，约 40% 的建筑质量较好需要进行保留，另 35% 的建筑可以根据需要进行必要的改造或维护。在核心区域，建筑质量一般较好，改造余地小、难度大，外围地区建筑质量较差，特别是厂区和私房区建筑质量很差，改造任务繁重（见图 7-8）。

图 7-8　株洲旧城区建筑质量评价

（5）沿路集中的密度分布

现状建设明显地体现出沿道路发展的特征。主要是公共服务设施沿街道布局，集中分布形成商贸街区，其他居住地段呈"一层皮"式商住混合布局。旧城区的居住与就业人口分布具有一定的叠加性。居住密度高的地段也恰恰是就业强度高的地段，形成人口与就业"T"字形集中的态势，即沿建设路和新华路集中。这些地段的居住人口密度平均已经达到 3 万人 /km^2，局部地段甚至达到 5 万人 /km^2（见图 7-9）。旧城改造与更新需要进行人口的疏散，但实际情况是，居住人口与就业依然呈现增长趋势，这与旧城区强大的吸引力和集聚效应有关。双重集中的人口密度分布，造成局部压力巨大，造成交通拥挤、环境恶化等诸多城市问题。

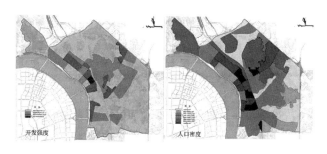

图 7-9　株洲旧城区开发强
度与人口密度分布

（6）不成系统的道路交通

受京广铁路的分割，铁路东西侧的道路网尚未完全形成系统，跨铁路的交通组织不畅，过境交通难以分流。东西向主要通道新华路还承担跨湘江交通的重任，压力越来越大（见图7-10）。规划范围内明显缺乏完善的道路系统，主次脱节，道路面积和密度都严重不足。铁路东侧与西侧道路系统差别很大，次干路与支路系统，造成主次道路结构严重脱节。此外停车缺乏控制，路边停车频繁，影响道路网络的服务水平。在客流密集的中心区，出租车和小汽车乱停靠现象随时可见，对正常交通干扰较大，是导致中心区路边停车紧张，路外停车场利用率较低的主要原因。

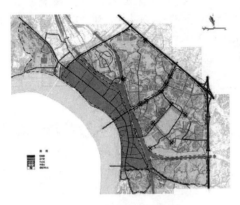

图 7-10　株洲旧城区道路网络现状

3. 旧城开发及其对交通的影响

株洲旧城区正处于一个快速发展和转变的关键时期，大量的开发活动和基础设施投资，深刻影响到城市空间形态、交通体系和居民活动方式。

（1）再开发项目遍地开花，沿路不断集聚

旧城中的开发方式目前还处于"零打碎敲"、"见缝插针"的自发无序发展阶段，项目投入上缺乏全盘的整体性考虑。旧城区内土地供需存在着较大的结构性矛盾，即土地需求最旺盛的地段，供应已经达到饱和，难以继续增加，而外围土地供应相对充足的地段，需求不高。传统的商贸中心交通条件和区位优势吸引了大量的投资，前期已建和当前在建的项目主要集中在旧城中心区，而项目土地来源主要还是工业企业外迁所置换出来的土地。商业和住宅开发项目的开发活动集中在核心区。沿主要道路开发趋势还在不断加强。

（2）核心区商贸功能强化，交通压力增加

旧城区中商贸市场的分布依托铁路和公路优势，已形成相当规模的市场群。商贸市场集中带来良好的集聚效益，使株洲市场跻身为全国十大市场之一，带来良好的经济收益，而另一方面也给城市建设，特别是旧城中心区造成严重影响，市场群目前还有进一步集聚和扩张的趋势，混杂着许多生产、储存等低层次功能。与核心区人流物流集聚相应的是交通压力剧增，交通流过于集中在核心区个别几条道路上，造成局部道路拥堵，会阻碍道路网功能的发挥，削弱其商业中心的地位。

（3）外围区企业置换外迁，通勤模式转变

旧城区内现有30多家企业，企业效益差别很大，规划除株洲硬质合金厂等大企业需要保留以外，其他均有搬迁改造的需要。大多数具有"退二进三"的置换需求，为旧城改造结构梳理的逐步更新提供了绝佳的机会，同时企业办社会的组织特征也在逐步消亡。单位制下就近工作的通勤模式也面临巨大转变。由于工业组团生活区和厂区靠近，居民上班多依靠步行，步行交通的比例达到50%以上(见图7-11)。机动化背景下工业厂区搬迁会对以步行、自行车、公交车、摩托车方式为主的交通模式构成挑战。

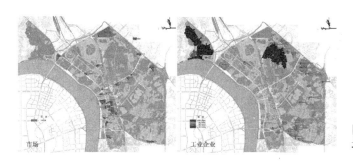

图 7-11　株洲旧城区市场和工业企业分布

（4）居住区缺少整体改造，出行环境较差

居住社区更新改造有结构性的差异。铁路西侧具有良好的区位条件和完善的服务设施，相比其他新开发的地方，更加有吸引力，住宅和商业空间的需求旺盛，而该区可用于开发的土地已经很少，本身已经具有很高的建设密度和开发强度。外围地段居住社区以密度较高的、建筑质量较差的私房区和职工宿舍居多，这些地区交通条件和设施水平较低，中低收入居民的比例较高。由于政府缺少投入，这些地区的道路交通很差，居民出行不方便。

（5）土地与交通建设脱节，刺激私车使用

规划建设主干道铁东路和轨道交通从本区内穿过，均与本地区有密切的关系。不过由于对交通建设与土地利用的关系认识不够明确，土地布局与交通之间基本上是脱节的，轨道线路和站点选择与用地规划之间缺少统筹考虑，在人口密度和活动强度不断提高的情况下，对于轨道交通的重要作用缺少重视和进一步深入的研究，纯粹靠增加交通性道路网络，只能导致更多小汽车拥有和使用。实际上旧城区中有众多的改造机会空间，需要加以整合利用，进行系统性梳理和结构性调整，使旧城区的整体改造获得良好的契机，道路系统的改善也可以生发新的改造机会，新的土地改造与再开发为完善道路系统也提供了条件。

株洲旧城区城市和旧城区的空间结构和交通网络之间有密切的互动关系，需要引导开发活动和居住社区的改造，将地块开发和交通设施建设结合起来，在交通可支撑的范围内保证高效率的城市活动。一方面是需要考虑到旧城区在大城市整体的功能定位和发展目标，站在区域的角度来看待旧城人口和产业疏散，也要从区域的角度为旧城更新提供支撑。第二方面是要尊重旧城区的空间结构特征。株洲旧城区的城市特色就是以大型企业为依托，形成大厂区，小社会的发展模式，厂区中各类设施配套完善，人们安居乐业，成为株洲工业文明的典型代表，也符合可持续交通的发展要求。旧城区中就业与居住按厂区单位相对集中分布，达到居住就业的高度平衡，旧城更新应有计划地盘整这些资源，整合和构建旧城改造的结构框架，保持、维护和发展原有的社会结构。第三方面是实现调整和优化交通模式。改善出行环境，维护旧城区以步行和自行车为主的交通模式，增加公交服务水平，将机动化的部分引导向公共交通。要避免生硬的道路网络改建扩建造成对社区的破坏，充分利用轨道交通和主干道建设，结合土地再开发活动，促进公交站点周围的开发活动。

株洲的旧城更新方案是在现有的更新基础上，针对无序的发展模式，从总体提出空间战略和改造模式，再进一步提出交通战略和实施策略。在旧城更新方案中，要重视土地再开发活动与轨道交通、公共交通等基础设施的互动，以促进可持续交通发展。

4. 总体方案

（1）空间战略构思

株洲旧城更新要在充分尊重现实条件的基础上，因势利导，利用湘江风光带建设、铁东路整体改造、厂区"退二进三"、轨道交通建设等改造机遇，进行整体的结构性与系统性的梳理并形成改造更新框架，在此基础上突出改造重点地段和重点项目（见图7-12）。

战略1：疏散与整合。改变旧城区中功能过于集中的缺陷，将部分功能有机疏散到外围地区，这种疏散需要从内力和外力两方面着手。内力是中心区集聚效应的向外拓展需求，外力是在外围地区集中整合改造资源，建立集中的商业、商贸或商务功能区以对老区中心的疏解形成引力和拉动作用。依托疏散与整合战略重构旧城区的整体空间结构框架。

战略2：跨越与联系。规划从功能结构、各系统组织上跨越铁路，将铁路西侧的城市街区空间延伸到铁路东侧的大院空间，并建立良好的衔接关系，使城市中的公共空间、半私密空间和私密空间形成良好的结构关系并有机衔接。城市功能拓展与空间系统拓展也全面突破铁路的限制，构成良性发展态势。

战略3：单元与节点。旧城区内结合特色片区、厂区大院、教育学园、成熟社区形成公共、私密或半私密的改造单元，按标准配套各类社会服务设施，并根据不同单元的现状特征和问题，提出不同的改造模式和有机更新策略。规划在整体更新改造框架中各个系统交织的节点地区，重点塑造环境，并展现形象特征。

战略 4：滨江与渗透。充分利用滨江风光带的建设契机，形成独特的充满活力的滨水空间，将以往沿建设路功能拓展的方式改变为沿江拓展。充分利用滨水开敞空间形成主干，并将其通过步行街、步行系统、绿地系统向内部街区和纵深地段渗透，形成联系城市其他开敞空间、城市公共空间的网络系统。

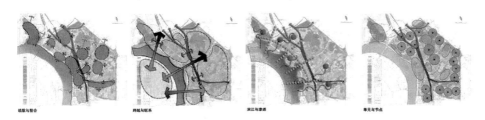

图 7-12　株洲旧城更新战略构思

（2）改造更新模式

规划根据不同的现状条件和改造要求，在确定旧城改造更新整体控制框架的条件下确定几种不同的改造更新模式，包括整体更新、整体改造、综合治理、维持保护、局部整合、新建开发等方式，并落实到各个片区单元，针对性地提出改造策略（见图 7-13）。

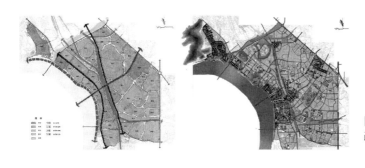

图 7-13　株洲旧城区改造模式和总体方案

模式 1：整体更新。整体更新主要针对旧城区中的战略性地段，一般是以大型工业企业"退二进三"的功能置换为契机，进行整体更新和结构性调整。这样的地段主要包括株洲电厂、麻纺厂、齿轮厂、大片私房区等。改造目标是形成新的商业、商务、服务、文化、休闲等综合功能的集聚区，并形成具有高品质环境的特色景观风貌。

模式 2：整体改造。整体改造主要是针对旧城区中存在问题最严重，矛盾最集中的区域进行的整体性的改造和改善，目的是改变现状日趋恶化的环境品质，整体提升地段城市建设水平。主要包括火车站区域、市场区、铁东路沿线与铁路沿线的区域。一般采取整理城市空间，增加开敞空间系统创建步行街区等方式。

模式3：综合治理。综合整治主要是针对旧城区中的外部环境，包括街道、滨水绿化、铁路绿带等地地段，这样的地段主要有滨江岸线、新华路沿线、建设路沿线、铁路沿线、白石港和建宁港沿线等。其目的是改善外部界面环境，综合提高其环境质量。这种整治多采取对现有设施进行必要的更新，对沿街建筑立面进行粉刷与改善，对广告标识、街道家具、街道绿化铺装等进行系统性改善与更新，改善居民的步行空间。

5. 交通策略

（1）交通战略

战略1：协调土地开发与交通发展。控制旧城区内的整体开发总量和空间分布，避免局部现有高强度开发的路段继续强化，保证开发活动控制在交通可承担的范围内；促进功能活动需要多样化，以保证交通活动在全天内可以相对均匀分布，减轻高峰小时的压力和道路拥堵情况；保持旧城区内良好的居住就业平衡的结构，鼓励在核心区工作的人就近居住，减少出行量；将土地开发与大运量的公共交通结合起来，鼓励站点周围综合功能与高密度TOD开发（见图7-14）。

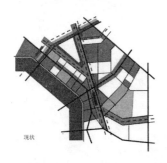
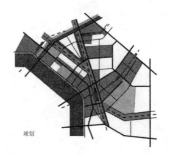

图7-14 株洲旧城区土地开发与交通协调模式

战略2：改善旧城区的道路网络。加强旧城区与城市整体道路网络联系，要保持内部交通结构完整性。提高主要通道联系的通行能力，增加地区对外疏散的出入口，提高疏散能力。采取外围分流或限制进入等管理手段降低入境交通总量；新建道路或打通断头路，利用交通控制手段挖掘路网潜力，化解路网堵塞；打通核心区内的部分次干道和支路，打通内部微循环，提高支路网利用率，利用次、支路网消化区内出行，减少地区干道的交通压力。

战略3：构建以步行＋公交为主导的交通结构，强化多种交通方式之间的衔接。提高公交服务水平，引导个体交通向公共交通方式转移，构建公共交通主导的交通结构。大力推进轨道交通的进度，将线路走向和站点与旧城区的功能开发结合起来，考虑BRT线路，降低地面交通压力，增加公共交通运输能力。制定小汽车出行收费和停车泊位政策，引导和控制小汽车的活动和停泊；结合绿化建设，合理安排自行车和步行路线，充分利用地下通道和地上二层连廊，形成综合立体的交通空间。

（2）实施策略

策略1：完善道路网络体系，重视主要联系通道建设改善作用

根据株洲市的相关规划，近期内将启动建设的铁东路和株洲三桥可以提高旧城区的道路通行能力，降低新华路和建设路的拥挤情况。但是从主要的联系通道与核心区的关系来看，核心区内集中建设的商贸、办公等设施，未来仍是城市的中心，仍将吸引大量的人流和物流到达，对于南北向建设路的压力会很大，而东侧的铁东路只能到达芦淞路，对建设路的疏解作用不够。建议将规划的铁东路从芦淞路向南延伸接枫溪路，进一步疏导建设路上的过境车流。为了减少铁路对于城市的分隔和新华路的巨大压力，规划增加几个跨铁路通道，加强南北向联系，完善区内路网结构（见图7-15）。

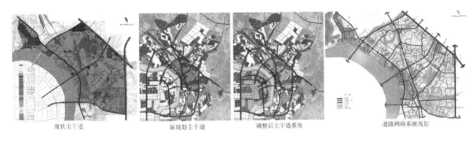

现状主干道　　　原规划主干道　　　调整后主干道系统　　　道路网络系统规划

图7-15　株洲旧城区道路网规划

策略2：优化轨道交通网络，加强与沿线可改造土地联合开发

轨道交通规划与建设与株洲旧城的土地开发和交通运行密切相关。由于轨道交通规划还在论证过程中，根据旧城更新的地块开发情况也对于轨道交通提出一些建议和调整措施。旧城区内火车站东侧、株洲电厂、市场等地区面临再开发，其规模较大，开发模式将会影响到城市的布局，而旧城区规划的轨道线路和站点与这几个地方的关系不是很密切，穿过旧城的线路仍然是从土地开发和人流最密集的新华路经过，将进一步加大新华路沿线的人流密集情况，建议结合火车站、株洲电厂、市场等可开发地块，对轨道交通的线路适当调整（见图7-16），增加站点，既满足两岸人流交通联系方便，也可以将土地开发与站点建设结合起来。

考虑到轨道交通的建设周期以及株洲市的交通流量情况，株洲市还可以结合道路建设，考虑建设快速公交BRT线路，以缓解旧城区的压力。BRT线沿铁东路布置（如图7-16蓝线），沿线设站点。铁东路即将建设为BRT线路提供很好的条件，可以有效地补充轨道网在河东南北方向联系不

足。沿 BRT 线路的土地可以结合站点开发。通过轨道交通和快速 BRT 线建设，可以进一步提高旧城区的公交运输能力，将基础设施建设与土地开发活动结合起来。中心区高密度的功能活动，离不开大运量公交的支持，而轨道交通和 BRT 站点对于房地产价格具有的提升作为，也为旧城区内的土地再开发提供可能性。

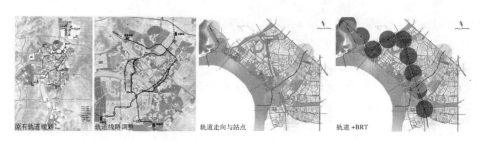

原有轨道规划　　　　轨道线路调整　　　　轨道走向与站点　　　　　轨道 +BRT

图 7-16　株洲旧城区轨道交通调整与 BRT 走向

策略 3：启动火车站东广场，打造无缝衔接的多模式交通枢纽

目前在株洲市核心区内，火车站给建设路的局部地段带来的交通压力非常大，随着河东新区高速铁路站的建设，将可以减少到达火车站的客流，现有的部分火车轨道可作为远期长株潭城际铁路使用，城际铁路站点可以与现有的火车站并用，可以与城市公交、对外汽车站换乘。结合铁东路建设、城市轨道交通线网、城际铁路布局，建议在株洲火车站建设东广场，依托铁东路、轨道 1 号线和 BRT 线路，可以带动火车站东侧地区的综合开发，实现多种交通方式的无缝衔接（见图 7-17）。

用地现状　　　　　用地规划　　　　　总平面　　　　　开发强度　　　　　鸟瞰

图 7-17　株洲旧城区火车站枢纽综合开发模式

策略 4：综合开发电厂地区，建设轨道交通支撑的市级副中心

株洲电厂的整体改造为旧城区功能的向北功能疏解提供机会。株洲电厂位于株洲旧城区的西北侧，对于周边的环境影响很大，区位交通条件优越，可以改造成集聚现代服务业综合功能包括商务、商业、休闲、娱乐、居住于一体的市级副中心，集中展现现代城市风貌。将轨道交通引入该地区的改造

之后，其改造应该充分利用交通优势，发挥轨道站点的带动作用，以 TOD 开发模式，形成有大运量轨道交通支撑街区式开发地域，高强度开发的地域主要集中在站点周边，人车分行，500m 范围内各个地块有便捷舒适的步行通道到达站点（见图 7-18）。

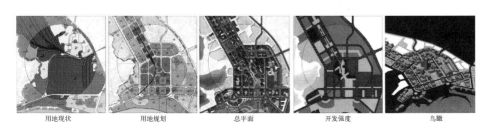

图 7-18　株洲电厂改造模式

　　策略 5：综合改造居住社区，围绕公交站点安排公共服务设施

　　株洲旧城区内有大量的居住社区环境较差，出行不方便，面临更新。以曾家湖地块为例，该地块铁路的东北侧，现状为低层的私房区，规划建设的铁东路建设可以改善该地块的交通条件，建议沿铁东路走向的 BRT 线路在该处设站，将对该地块的开发起到促进作用，可围绕站点来安排地块的功能布局和开发强度。沿站点周边可考虑较高强度的公共设施，行人可通过步行通道和二层连廊到达站点（见图 7-19）。

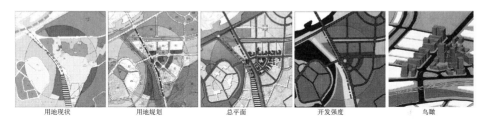

图 7-19　株洲旧城区居住社区开发模式

四、旧城更新策略

　　与住房发展、新中心区建设一样，旧城更新也是整个大都市区空间和交通发展的关键，需要采取切实有效的措施，促进旧城更新与新区开发的协调发展。旧城更新与新区建设作为大都市区同时进行的大规模开发活动，与人口、产业的空间再分布密不可分，需要站在大都市区的角度出发，促进旧城更新与新区开发之间良好的互动，合理安排道路建设和轨道交通建设，才能够实现人口、产业和功能活动的有效疏散，才能够降低旧城区的交通需求，将居民的长距离出行更多地引导到公交方式。

1. 大都市区层面

（1）要将旧城人口疏散与都市区化进程和居住空间结构联系起来

旧城人口疏散与区域的发展是分不开的，旧城区功能需求与外围地区的供给是有关系的。城市边缘地区优质的住房供给不足，公共设施条件不完善，就使得居民需要更喜欢旧城区的住房，促使旧城区内住房开发活动旺盛，对于土地的需求很大，开发的强度也很高，人口疏散就无法实现。旧城区的人口疏散是都市区的城市化进程和居住空间再分布的组成部分，需要立足于区域人口和居住发展，才能合理安排住房建设，引导人口迁移。

（2）要将旧城产业发展与城市中心体系和产业园区发展联系起来

旧城区产业发展与大都市的整体战略之间有内在的联系。旧城区的商业办公功能不断集聚，与城市中心体系不完善是分不开的，而外围的工业园区和次中心无法满足外围的居民就近工作和购物等活动，使得居民更加倾向于到旧城区活动。大城市旧城区内的商业办公设施长期以来辐射到周边广大区域，随着大城市人口的增加，对于商业办公的需求会相应大增，假如没有其他更好的新中心可以替代，那么对于旧城区内的商业服务设施的需求仍会继续增加，项目开发活动也会更加旺盛，集中在主要的商业大道两侧。以福州市为例，福州市的商业办公主要是集中在五四路、八一路等旧城区的范围内，目前大量的商业项目也是沿道路两侧开发，越来越多的活动仍在不断地汇聚到几条主要干道，这与 1990 年以来福州没有很好地采取新中心建设有关。只有完善城市中心体系，才可以疏导旧城区服务功能需求；只有推动和完善外围工业园区建设，才可以吸引人口外迁和就地工作，改变居民长距离出行的交通模式。

（3）要将旧城交通改善与区域交通走廊和基础设施建设结合起来

城市主要道路和轨道交通等是联系旧城区和城市区域的重要通道，需要重视基础设施建设对旧城区交通改善的重要作用。要通过区域性交通设施建设，加强与区域发展走廊的关系，引导人口疏散和带动产业发展。主干道网络和轨道交通网络规划是从区域和城市的整体角度来考虑的，其线路走向和站点分布与下一层次的旧城区的土地利用规划和开发活动不完全一致。旧城更新对于重大基础设施提出的改进意见需要在上一层次的规划建设中得到反映，而旧城区的公交建设与支路改善也需要相应结合起来，以提高居民与外围的交通联系和使用公共交通的方便程度等。

2. 旧城区层面

（1）控制土地开发总量和功能布局，降低交通需求和局部地段压力

旧城更新土地开发总量和功能布局需要与交通设施的服务水平结合起来。交通设施的运输能力是制约旧城区开发强度和正常运行的关键因素，缺少总量控制和空间安排的项目开发会造成旧城区高峰时段的局部或者整体拥

堵，严重的拥堵也会影响到经济效益。需要对旧城区各个阶段的开发总量有合理的评估，结合交通运输能力，调节开发项目的控制指标，以减低交通需求和局部地段压力。

（2）提升居民生活环境和社区结构，改善中低收入居民的生活条件

旧城更新政策的出发点不能仅仅为了获取土地效益和 GDP 而采取大规模的拆建，而必须切实地是为了改善居住在旧城区内居民的生活环境，维护和改善已有的社区结构，针对各种类型的住区，采取相应的改造策略。要通过改善中低收入居民的交通机动性来提高他们获取工作能力，减少他们每天通勤花费的时间与金钱，使得他们的个人收入和生活条件得到改善。旧城区内的危房简棚或者濒临倒闭的企业单位的外迁，需要充分考虑居民在居住地点或者就业地点改变之后通勤情况，旧城区内应当通过对一部分工业企业的重组或者置换，适当保持适合于这些居民的就业岗位。

（3）促进公共交通投资和联合开发，增加交通运输能力和公交比例

在同样的开发总量情况下，引导大运量公共交通节点周边的土地高强度开发，特别要重视以轨道交通的投资来更好地导向人流和项目开发。轨道交通或者大运量公交的规划和建设需要与旧城更新规划在用地上整合起来，在建设时序上保持一致，这样才能尽可能地引导机动化的人群更好地转向公交方式。并且还要加大地面公共交通的投资，使中低收入阶层能够方便地使用公共交通。

（4）限制停车泊位和机动车拥有率，创造友好的非机动车出行环境

在旧城更新的规划建设中构建可持续交通模式，在交通基础设施上要重点处理的是创造更好的出行环境，要通过人行通道和开敞空间的整理，建设连接大型的公共设施、公园绿地、交通枢纽等之间立体步行网络，维持和改善原有高比例的步行和自行车出行方式；此外，要控制旧城区内的停车泊位增长幅度和空间分布，采取收费和加强管理等措施控制小汽车的拥有和使用。

第八章　政策建议与研究展望

一、城市规划法规与政策建议

以上各章从理论、规划建设等方面对大都市区空间结构与交通模式做分析，实际上交通可持续发展不仅需要在城市规划理论和方案上体现，也需要从法规和政策中相应地体现，因为规划方案是个别的，而规划法规和政策取向则是所有城市规划制定的依据，只有在城市规划法规和政策上体现引导交通发展，才能够更加有效地促进可持续发展。以下分别对城市规划法规和城市交通政策做分析，并提出建议。

1. 城市规划法规

（1）完善规划法规体系，衔接战略性控制规划和实施性建设规划

从已经出台的法规和编制办法来看，包括城镇体系、总体规划、详细规划、近期规划等相关编制办法和指标，普遍使用各个省市的各种类型的城市，规划层次欠缺，与法定规划之间无法衔接（见图8-1）。到目前为止，还没有针对大都市区规划的编制规范，虽然城镇体系内容与大都市区在某些方面有些相似，但是无论在编制内容或从行政管辖的范围来看，城镇体系已经无法满足大都市区发展的需要。在规划编制领域，已经有不少城市在城镇体系和总体规划之间增加了大都市区规划的内容，由于缺少相应的法规指导，目前仍处于探索的阶段，定义和内容差异比较大。此外新区建设、旧城更新和新城建设也同样缺少法规的指导。虽然在当前城乡规划法对于新区建设和旧城更新活动做出了指导性的意见，但是缺少明确相应的法规，指导性意见和建设计划之间缺少衔接。大量的实施性的新区建设和旧城更新要么借鉴国内外其他城市的案例，要么就是将很多个详细规划拼凑起来，缺少整体上有效的编制办法。

所以大都市区空间和交通需要城市规划法规的进一步完善，才能更好地指导建设活动。需要针对大都市区的新区、旧城、居住区、产业园区、新城等规划和建设活动的特征，逐步建立相应的指导法规，逐步完善法规体系，通过制定大都市区规划法规，衔接上一层级的城镇体系规划和下一层级的总体规划。通过制定新区开发、旧城更新、新城建设的法规，保证可持续交通在区域、城市、分区和不同类型的地块分解和贯彻下去，保证发展目标实现。

（2）落实交通可持续发展理念，增加准则层衔接目标层和指标层

166

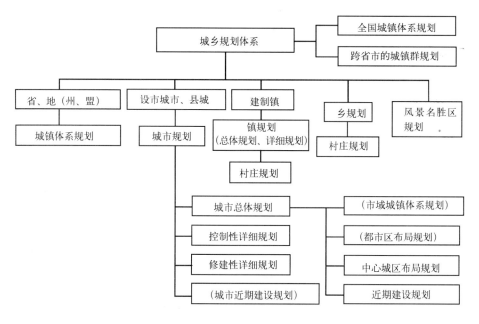

图 8-1　城乡规划体系

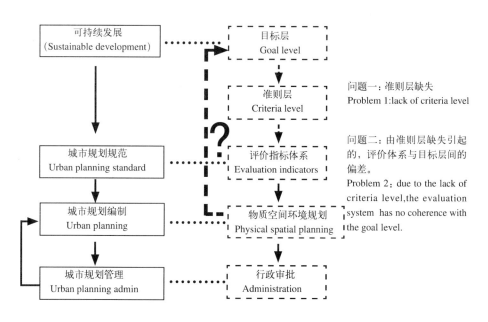

图 8-2　可持续发展的目标与框架体系分析

　　在《城乡规划法》、《城市规划编制办法》等主要法规中均明确提出了可持续发展的战略目标，指出要"加强城乡规划管理，协调城乡空间布局，改善人居环境，促进城乡经济社会全面协调可持续发展"，以及"坚持因地制宜确定城市发展目标与战略，促进城市全面协调可持续发展"。不过，交通可持续发展面临的问题，与指标体系的断层有关系。现有指标体系与目标层之间始终缺少清晰的准则层以承接目标，引起指标体系与目标发生错位，目标层自上而下难以落实，指标体系也没有契合目标的依据（见图 8-2）[1]。指标层的指标也是偏重于物质层面，而非城市的活动，却无法影响不同社会层次人口的空间迁居以及各种活动地点的选择和交通出行活动，很难从空间结构来解决交通问题。

为了促进交通可持续发展，需要在城市规划法规中加入准则层，以此来合理衔接目标层和指标层。可持续交通的准则应该是提高可达性和交通效率，提高不同社会阶层的机动性。提高机动性意味着不同社会阶层的居民可以接近就业岗位和休闲购物等活动，鼓励居民采取合理的通勤活动，这个就需要提高居民的可达性，所以要将提高不同社会阶层的可达性作为准则，相应地增加就业机会可达性、零售服务可达性等指标。

（3）重视动态城市活动，强调城市中心体系与居住空间增长关系

当前城市规划法规的内容主要是人口和用地的总量、道路交通设施的网络和密度，以及配套的绿化、公共服务设施和市政设施等静态的指标，并且以此来编制和评价规划编制[2]。城市规划编制的过程重点在于人口和用地的总量变化以及中心体系的描述，而对于各个地域居住人口的变化，和与活动中心的就业岗位、购物等之间的关系缺少进一步的分析，而实际上这些都是影响交通模式的重要内容，也应该成为评价上一轮方案和修编方案的重要内容。

建议在大都市规划的编制内容上，在现有居民的空间分布和出行模式的基础上，明确通勤、购物空间活动与城市中心的关系，划分居住增长空间和中心体系，安排交通建设计划，将现有城市规划的内容进一步落实。

（4）增加交通效率指标，提升土地的可达性和不同阶层的机动性

现有的法规中涉及道路交通的内容以设施的完善建设为主，对于交通效率缺少考虑。从规划法规到规划编制，重点集中在道路网、停车位、交叉口等基础设施的指标和布置原则上，而对于交通基础设施建成之后的交通效率是如何的，以及怎样才能达到较好的出行模式和服务水平却没有相应地体现出来，这也反映出当前政府的职能仍然以建设为主，运营管理为辅。长期以来，对于交通拥堵等问题，更多的是归结于路网密度、公交车辆等在数量上的差异，而忽略了速度、服务水平等运作效率。以《城市道路交通规划设计规范》（建标〔1994〕808号）为例，关于公共交通

---

1 潘海啸，等. 中国低碳生态城市发展战略——可持续城市的规划策略研究. 2008.
2 比如总体规划编制是在预测的区域和城市人口和产业规模的条件下，按照国家规定的人均用地指标确定各种用地的规模和空间分布，并根据规范确定区域内的路网密度。控制性详细规划是确定规划范围内各种用地的面积和开发强度，以及各种交通设施的分布。

的相应指标包括拥有量、线路网的密度、非直线系数、线路的长度、车站服务面积、站场用地等，基本上都是基础设施的内容，这些都是可以通过加大交通投资来实现的，而关于公交出行的比例、出行时耗和换乘系数等与居民活动相关的内容，则缺少深入的考虑。关于道路主要集中在网络形式、等级、车道、交叉口处理等，对于道路网建成之后的运行速度、高峰时刻交通流向的比例，都没有纳入考虑，而这些都与人口和土地的分布密切相关。

建议增加交通效率的指标。交通体系的运作效率是衡量城市公共投资活动的合理与否的重要方面。提高交通基础设施的效率，改善一个城市或局部地区的交通服务与运行状况，提高不同区位和社会阶层居民交通出行能力和活动能力，是实现社会和谐发展的重要措施。在现有路网密度等指标的基础上，可以增加平均速度、车流量、服务等级、交通流向分布等指标，以体现交通效率。此外，改善不同社会阶层居民的可持续机动性也应该成为重要准则，要从"以车为本"转向"以人为本"，将居民的出行距离、出行模式、出行时间、出行费用等纳入考虑。

2. 城市政策

（1）保持动态和连续的空间政策，优化土地调控

由于大城市处于社会经济快速发展时期，导致政策外部条件变化很快。政策的调整在时间上缺少衔接。通常都是下一轮的规划基本上把上一轮的规划都否定从来。此外空间政策的编制和审批需要比较长的时间，也会影响到相关规划的制定和实施。比如说上海从 1996 年开始对 1986 版的总规进行修编，直到 2001 年才获得国务院审批，而审批下来的总体规划与现实发展之间已经有极大的差异。而包括交通白皮书、轨道交通、道路规划与建设计划等却仍然需要以此为指导。从 2006 年的近期规划来看，由于全市域的城镇和产业园区开发活动，2001 年版的总体规划确定的空间形态已经很难保持了，近期规划也作出了相应的调整，但是各种交通专项规划却很难跟上。

建议城市空间政策要更加重视人口和用地关系，结合公共交通安排城镇发展和土地布局；空间规划要为城市发展预留弹性，严格控制土地出让和开发活动；要根据城市发展的变化适当调整空间布局，以动态规划来适应外部环境的不确定性；要将可持续交通的目标和措施在各层次各类型的规划中落实，做好规划之间的协调。要保持规划的延续性，做好与其他的专项规划的衔接。

（2）整合交通机构，建构一体化的区域交通系统

政策制定横向缺少协调。城市政策制定有不同的部门，政策制定过程之中横向缺少协调。以上海为例，1996 年，上海政府部门机构的管理重心下移，

构筑"两级政府、三级管理"和郊县"三级政府、三级管理"的新型体制。土地利用规划下放为地方政府促进城镇发展提供强大制度支持，也加大了解决跨行政边界问题的难度，出现城市局部目标与整体目标的矛盾。从交通部门自身来看，交通政策制定和建设的责任根据行政和职能被分割到多个机构，部门之间缺少统一的协调，没有一个机构有足够的权限可以提供整合的区域交通系统。

建议在区域范围内整合交通机构，提供一体化的区域交通系统。鼓励轨道交通和公共交通，优化道路设施的使用。加强与空间政策的动态衔接。

（3）建立和完善经济激励机制，引导相关者的决策和行为

政策相关主体缺少协商。从政策的相关者来看，政府部门、居民和投资者对政策的实施均有影响。这些相关者在决策和行动的过程中，均有自己的动机和利益考虑。由于不同利益主体之间缺少协商机制，导致无法反映各方的观点和需求，制定出来的政策就很难实施下去。

建议逐步改变大都市区现有的行政管理和建设体制，将有限的建设资金合理地安排到交通项目上，从区域的层面协调项目的进展，满足土地开发和各个社会阶层出行的需求；要创造条件，引导投资者和开发商的项目，实现交通与土地的联合开发。

二、研究创新点与展望

1. 主要创新点

（1）研究视角的创新

本论文以空间结构的视角分析可持续交通，从中心体系、城市规模、土地利用、密度和交通网络等方面分析空间结构的影响。重视可持续交通发展的社会层面，强调空间规划和建设活动要平衡不同阶层的交通能力。

（2）研究空间层次的创新

本论文以"大都市区"为研究地域，重点突出交通模式发展的区域化趋势，分住房建设、新中心建设和旧城更新三个方面，讲述空间规划建设活动与交通模式的关系，并且提出规划策略和建议。

（3）研究数据和案例的创新

论文对上海边缘区三个地区 20 个居住小区的居民做调查问卷，这些数据展示了不同空间和交通区位下的住房开发和居住空间选择，以及空间结构和居民活动和交通模式的关系，为空间规划提供了扎实的基础。整个调查由同济大学和美国加州大学伯克利分校课题组合作，由上海市统计局综合调查大队委托区统计局和街道管委会上门访谈填写，从问卷设计、调查安排和数据整理历时两年，问卷调查和现场踏勘结合，数据分析与上海的GIS 地图、交通调查、统计年鉴和规划结合起来。上海的轨道交通建设和城

市规划管理水平走在全国的前沿，从这些数据里面反映出来的特征具有较好的借鉴意义。

杭州和株洲的研究案例来自实际的规划实践，其研究的内容和成果有相关的规划和数据支撑。杭州CBD案例的研究成果已经在土地利用规划和开发活动中得到体现，并且为杭州市轨道交通和道路交通的调整优化提供了支撑。株洲在旧城更新研究过程中，长株潭城市群被国家批准为"全国资源节约型和环境友好型社会建设综合配套改革试验区"，如何实现交通可持续发展也会成为重点。

（4）分析方法的创新

在对上海边缘区调查和杭州钱江新城核心区案例研究中，使用统计学的分析方法，使用了SPSS、ARCVIEW、TRANSCAD、AutoCAD、Photoshop等多种软件，以文字和图表结合的形式来说明问题。

2. 研究不足

大城市空间结构与交通模式的相互作用是非常复杂的关系，两者之间的关联研究需要多学科的知识和较强的研究能力。受个人知识背景和时间精力所限，本文对可持续交通的研究仅涉及空间结构的部分内容，研究的深度和广度仍有待提高，根据本人的研究体会，有一些不足：

（1）论文主要是分析大都市的空间结构对交通模式的影响，对于交通模式对空间结构的影响研究相对较少，实际上，两者是互动的关系；

（2）论文的比较分析以借鉴国外的研究和规划经验为主，对国内的成功经验缺少深入的归纳总结；

（3）局限于数据来源和过往认识，论文主要以上海、北京等大城市为例子，对其他类型的城市涉及不多；

（4）论文所用的分析方法是定性与定量相结合，定性的内容较多，定量的部分缺少模型的分析能力，对于调查问卷的数据分析只能采用比较简单的交叉分析，缺少多因素分析。

以上的不足之处，也就成为未来研究需要继续深入的部分。论文研究提供的视角可为城市规划编制和政策制定增加一些内容，需要在未来的课题研究和实践过程中不断深入和拓展。

3. 研究展望

空间结构与交通模式在国内外都是热门的研究主题，本文是结合课题研究和规划项目进行探讨，未来需要从以下几个方面继续探讨：

（1）大都市区空间结构对交通模式的影响。可以结合交通调查，分析不同的空间结构和交通体系下的交通模式，对同一个城市做纵向和不同区位的比较，对不同规模、不同空间结构类型的城市做横向比较，可以进一步地应用统计学的方法，比较空间结构因素和社会经济特征因素对各种出行活动的影响。

（2）对于国内外成功经验的归纳总结。国外大都市区空间规划和交通规划实践的经验为国内很多城市所津津乐道，但是对国内一些地区作出的探索和经验仍缺少归纳总结，需要加强对上海、深圳等地区实践中遇到问题和经验进行总结。

（3）对于城市相关政策的研究。在可持续交通的目标下，需要加强对土地、住房、旧城更新、新城等政策的研究，为政策制定和法规调整提供支撑。

附录

问卷编号：□□□□

表　　号：专调 06-12

制表机关：国家统计局上海调查总队

调查单位：国家统计局上海调查总队

有效期限：2006 年 7-9 月

"属于私人、家庭的单项调查资料，非经本人同意，不得泄漏。"

《统计法》第三章第十五条

2006 年上海城市居民出行调查问卷

尊敬的女士 / 先生，　您好!

为深入了解上海市民的生活、工作与交通出行状况，为城市研究、交通规划和政策制定提供更好的信息，我们将按《中华人民共和国统计法》，在全市选择部分居住小区进行此项抽样调查。请您根据您的实际情况和真实想法填写，协助我们完成这项工作。对您所提供的情况及个人资料仅作统计分析使用，我们将按有关规定予以保密。

对每个参与填写的家庭，我们将会送上一份礼物，以表达我们对您和家人对我们调查工作关心和支持的谢意!

国家统计局上海调查总队
2006 年 8 月

填表说明：本调查主要是了解居民在家庭居住地点改变之后家庭经济状况和交通出行的变化情况，问卷问题中的"现在"指的是当前的状况，"以前"是指居住在原来住所时的状况。

本问卷包括"家庭信息表"和"个人信息表"两大部分，家庭信息的内容主要包括家庭的人员构成、居住情况、交通工具、收入支出情况等，由户主填写即可；家庭成员个人信息的内容主要包括家庭成员的社会经济基本条件、上下班（或上下学）、大超市购物、市中心购物以及对现在和以前住所的评价比较等内容，由每个家庭成员（包括户主）分别填写。本问卷的填写对象界定为 65 周岁以下、有经常外出活动的成年人和 13 周岁以上的学生，"个人信息表"分为"学生填写"和"成年人填写"两类表，请学生选择"学生填写"表填写，其他家庭成员请选择"成年人填写"表填写。

小区编码：□□　　　房屋楼层：_____　　　建筑类型：① 商品房 ② 配套房

调查员：_____　　　审核员：_____　　　调查时间：_____

家 庭 信 息 表（户主填写）

A1．家庭人口情况

A1_1. 家庭人口数 ＿＿＿ 人，其中：成年人（大于等于 18 岁）：＿＿＿ 人，有工作的：＿＿＿ 人

A1_2. 您家里最近 1 周内有人要过生日的吗？　①是　　　　　　②否

A1_3. 家庭户籍情况：①人户合一的户籍 ②人户分离的户籍 ③居住大于半年流动人口④居住少于半年流动人口

A2. 家里的交通工具

A2_1. 目前家里拥有的交通工具

①小汽车 ＿＿＿ 辆　②摩托车 ＿＿＿ 辆　③燃气助动车 ＿＿＿ 辆　④电动车 ＿＿＿ 辆　⑤自行车 ＿＿＿ 辆

A2_2. 家里最近一年内打算购买什么交通工具？

①小汽车 ＿＿＿ 辆　②摩托车 ＿＿＿ 辆　③燃气助动车 ＿＿＿ 辆　④电动车 ＿＿＿ 辆　⑤自行车 ＿＿＿ 辆

A3. 目前居住情况

A3_1. 居住地址：＿＿＿＿＿＿＿ 区 ＿＿＿＿＿＿＿ 路，靠近 ＿＿＿＿＿ 路

A3_2. 住房建筑面积：＿＿＿＿＿ 平方米

A3_3. 住房产权情况：

①买下来的房子　　②分期按揭的房子　③租的房子　　　④单位提供的住处　　　⑤其他

A3_4. 入住时间：□□□□年□□月

A3_5. 您家自己选择搬到这里来的吗？

①是的，我自己选择离开以前的居住地来到这里的

②是的，我得搬离原来的住址，我自己选择目前住址

③不是，我只能搬家到这里来（如动迁，单位分房）

A3_6. 您家为什么搬到这里来住？（可多选）

①更好的生活环境　　②离工作单位距离近　　③各种公共服务设施配套良好，生活方便

④交通便利　　　　⑤房价便宜　　　⑥成立新家庭　　⑦ 近期结婚　　　⑧ 与家里人住在一起

⑨ 公司提供的住处　　⑩ 子女可以就读好学校　　　⑪城市基础设施建设动拆迁

⑫住宅和商业开发动拆迁　　⑬其他 ＿＿＿＿＿＿＿

A4. 以前居住情况

A4_1. 居住地址：＿＿＿＿＿＿ 区 ＿＿＿＿＿ 路，靠近 ＿＿＿＿＿ 路

A4_2. 居住了多久：从□□□□年□□月至□□□□年□□月，共 ＿ 年

A4_3. 住房建筑面积：＿＿＿＿＿ 平方米

A4_4. 住房产权情况：①买下来的房子　②分期按揭的房子　③租的房子　　④单位提供的住处　⑤其他

A5. 家庭支出情况

A5_1. 您家搬到现在住所后，与在以前住所时相比，家庭支出有何变化？

支出内容	变化情况		
全部费用	①比以前增加	②比以前减少	③与以前一样
住房支出	①比以前增加	②比以前减少	③与以前一样
交通支出	①比以前增加	②比以前减少	③与以前一样
食物支出	①比以前增加	②比以前减少	③与以前一样

A5_2. 现在和以前每月住房支出分别是多少（包括银行贷款、房租、物业费等）？

现在每月住房支出：＿＿＿＿＿＿＿ 元（人民币） 以前每月住房支出：＿＿＿＿＿＿＿ 元（人民币）

A6. 家庭收入情况

去年家庭收入：＿＿＿＿＿＿＿ 元（人民币），在以前住所时家庭收入：＿＿＿＿＿＿＿ 元（人民币）

个 人 信 息 表 (户主填写) [第 2-6 页]

B1. 个人基本信息

B1_1. 您的性别：① 男性　② 女性

B1_2. 您的年龄：_____ 周岁

B1_3. 文化程度：　① 初中及以下　　② 高中　　　③ 大专　　　④ 大学本科　　　⑤ 研究生及以上

B1_4. 工作单位类型：　① 政府部门　② 国有企业　③ 集体企业　④ 外资企业　⑤ 私有企业　⑥ 其他

B1_5. 您的职业：

　　① 工人　　　　② 职员　　　　③ 服务员　　④ 干部（管理人员）　　⑤ 私有及个体企业经营者

　　⑥ 军警政法人员　　⑦ 失业人员　　⑧ 离退休人员　　⑨ 离退休再就业人员　　⑩ 其他

B1_6. 现在您的月收入是：

　　① 1000 元人民币以下　② 1000—2500 元　③ 2501—4000 元　④ 4001—8000 元　⑤ 8000 元以上

B1_7. 以前您的月收入是：

　　① 1000 元人民币以下　② 1000—2500 元　③ 2501—4000 元　④ 4001—8000 元　⑤ 8000 元以上

B1_8. 现在和以前您在交通出行上每个月花费分别是多少？（单位：元）

时期	交通总支出	其中				
		公交车费	坐出租车费	汽油费	停车费	地铁费
现在						
以前						

B1_9. 在您的小区，您使用的停车位情况是：

① 我家里购买了车库 / 位，所以免费

② 我家没有购买车库 / 位，不过小区里的停车是免费的

③ 我没有购买车库 / 位，我需要每月付停车费，_____ 元 / 月

④ 我没有车，不用付停车费

B2. 上下班交通出行情况（该部分，请有工作者填写）

B2_1. 您现在的上班地点是：_____ 区 _____ 路，靠近 _____ 路

B2_2. 您搬到这里之后，您的上班地点有没有发生改变？

　　① 有，我换工作了　　　　② 有，我所在单位的地点换了　　　　③ 没有，我还在原来的地方

　　B2_2_1. 如果改变过上班地点，请填写您以前的上班地点：（本题请在 B2_2 题中选择① 或者回答）

　　_____ 区 _____ 路，靠近 _____ 路

　　B2_2_2. 如果您换过工作，您选择新工作的主要原因是：（本题请在 B2_2 题中选择① 者回答）

　　① 工资收入更高，福利待遇更好　　② 离住的地方近　　　③ 上下班交通方便

　　④ 工作环境更好　　　　　　　　　⑤ 工作时间更少　　　⑥ 其他（请注明）_____

　　B2_2_3. 您在选择新工作时，从交通出行上考虑了哪些因素？（本题请在 B2_2 题中选择① 者回答）

　　① 花费的钱更少　　② 交通时间更少　　③ 可以步行或者骑自行车到达　　④ 更加安全

　　⑤ 附近有公共汽车或者轨道交通，更方便
　　到达　　　　　　　　　　　　　　⑥ 自己有小汽车可以方便到达　　⑦ 有单位班车可搭

　　⑧ 乘车环境更加人性化，更加干净、舒适　　⑨ 有便宜的停车位　　　⑩ 其他

B2_3. 每天上下班的时间

内容	现在	以前
上班的出发时间（24 小时制）	____ 时 ____ 分	____ 时 ____ 分
下班的出发时间（24 小时制）	____ 时 ____ 分	____ 时 ____ 分
上班到单位通常需要多少时间？	____ 小时 ____ 分钟	____ 小时 ____ 分钟
下班回家通常需要多少时间？	____ 小时 ____ 分钟	____ 小时 ____ 分钟
工作日（请在数字上打"√"）	① 周一 ② 周二 ③ 周三 ④ 周四　⑤ 周五 ⑥ 周六 ⑦ 周日 ⑧ 每周不同	① 周一 ② 周二 ③ 周三 ④ 周四　⑤ 周五 ⑥ 周六 ⑦ 周日 ⑧ 每周不同

B2_4.您现在和以前上下班采用的交通方式分别是：（请按说明填写下表）

    ① 步行   ② 坐出租车   ③ 骑自行车   ④ 自备车   ⑤ 电动自行车

    ⑥ 燃气助动车   ⑦ 燃油助动车   ⑧ 摩托车   ⑨ 公共汽车   ⑩ 单位班车

    ⑪ 轨道交通   ⑫ 搭家人的车   ⑬ 其他

请从以上所列的交通方式中选择您最常用的方式，如果上班的出行中有采用多种方式，请按照顺序填写，如自行车 - 公共汽车 - 步行，那么就分别在下表中填上：③ ⑨ ①，并且在下面写上所用时间（单位：分钟）

内 容		1	2	3	4	5
样例	交通方式	③	⑨	①		
	所用时间	15 分钟	30 分钟	10 分钟	＿＿＿ 分钟	＿＿＿ 分钟
现在	交通方式					
	所用时间	＿＿＿分钟	＿＿＿分钟	＿＿＿分钟	＿＿＿分钟	＿＿＿分钟
以前	交通方式					
	所用时间	＿＿＿分钟	＿＿＿分钟	＿＿＿分钟	＿＿＿分钟	＿＿＿分钟

B2_5.假如因为某种原因，您不采用这种方式去上下班，还有其他的方式吗？（请在下表填写）

内 容		1	2	3	4	5
现在	交通方式					
	所用时间	＿＿＿分钟	＿＿＿分钟	＿＿＿分钟	＿＿＿分钟	＿＿＿分钟
以前	交通方式					
	所用时间	＿＿＿分钟	＿＿＿分钟	＿＿＿分钟	＿＿＿分钟	＿＿＿分钟

B2_6.您每天上下班交通花费多少钱：（单位：元）

时期	交通总支出	其 中			
		公交车费	打的费	地铁费	停车费
现在					
以前					

B2_7.您现在上下班为什么选择这种交通方式呢？（可多选）

    ① 更安全   ② 时间更少   ③ 不用站   ④ 没有其他的方式   ⑤ 价钱可以承受

    ⑥ 更舒服   ⑦ 更方便   ⑧ 及时   ⑨ 其他

B2_8.您在单位是否有免费的停车？ ①是   ②否

B2_9.您的单位有班车吗？   ①是   ②否

B2_10.单位每月为您大约提供多少交通补贴？ ＿＿＿＿＿ 元 / 月

B2_11.近期内您准备换工作吗？

    ①不，我不会改变的   ②会的，我已经找到更好的   ③会的，我已经在找了   ④我不知道

B3. 大超市购物交通出行情况

B3_1.您现在最经常去的大超市地点是：＿＿＿＿＿＿区＿＿＿＿＿＿路，靠近＿＿＿＿＿＿路

B3_2.您搬到这里之后，您最经常去的大超市有没有改变？

　　①有改变，我去另外一家大超市　　②没有改变（跳问 B3_3）
　　↓

> B3_2_1.请填写您以前经常去的大超市的地点：＿＿＿区＿＿＿＿＿路，靠近＿＿＿＿＿路
>
> B3_2_2.您选择新的大超市原因是：（可多选）
>
> ①有更加便宜的物品　　②离住的地方近　　③交通方便　　④购物环境更好
>
> ⑤有更多可供选择的商品　　⑥在上下班沿途可以顺便购物　　⑦其他
>
> B3_2_3.您在选择新的大超市的时候考虑了什么交通因素：（可多选）
>
> ① 花费的钱更少　　② 交通时间更少　　③ 有超市班车可搭　　④更加安全
>
> ⑤ 可以步行或者骑自行车到达　　⑥ 附近有公共汽车或者轨道交通，更方便到达
>
> ⑦ 乘车环境更加人性化，更加干净、舒适　　⑧其他

B3_3.您现在和以前一般多长时间去一次大超市购物？现在：＿＿＿＿＿次／月，以前：＿＿＿＿＿次／月

B3_4.您现在和以前去大超市购物路上一般要用多少时间？

　　现在：去程：＿＿＿＿＿分钟；回程：＿＿＿＿＿分钟

　　以前：去程：＿＿＿＿＿分钟；回程：＿＿＿＿＿分钟

B3_5.您现在和以前去大超市购物采用的交通方式分别是：（请按说明填写下表）

　　① 步行　　　　② 坐出租车　　　　③ 骑自行车　　　④ 自备车　　　⑤ 电动自行车

　　⑥ 燃气助动车　　⑦ 燃油助动车　　⑧ 摩托车　　　　⑨ 公共汽车　　⑩ 轨道交通

　　⑪ 超市班车　　⑫ 其他

请从以上所列的交通方式中选择您最常用的方式，如果去大超市的出行中有采用多种方式，请按照顺序填写，如自行车 - 公共汽车 - 步行，那么就分别在下表填上：③ ⑨ ①，并且在下面写上所用时间（单位：分钟）

内　容		1	2	3	4	5
样例	交通方式	③	⑨	①		
	所用时间	15 分钟	30 分钟	10 分钟	＿＿＿分钟	＿＿＿分钟
现在	交通方式					
	所用时间	＿＿＿分钟	＿＿＿分钟	＿＿＿分钟	＿＿＿分钟	＿＿＿分钟
以前	交通方式					
	所用时间	＿＿＿分钟	＿＿＿分钟	＿＿＿分钟	＿＿＿分钟	＿＿＿分钟

B3_6.假如因为某种原因，您不采用这种方式去大超市购物，还有其他的方式吗？（请在下表填写）

内　容		1	2	3	4	5
现在	交通方式					
	所用时间	＿＿＿分钟	＿＿＿分钟	＿＿＿分钟	＿＿＿分钟	＿＿＿分钟
以前	交通方式					
	所用时间	＿＿＿分钟	＿＿＿分钟	＿＿＿分钟	＿＿＿分钟	＿＿＿分钟

B3_7.您每次去大超市购物需要花多少交通费用：（单位：元）

时期	交通总支出	其　中			
		公交车费	打的费	地铁费	停车费
现在					
以前					

B3_8.您现在去大超市购物为什么选择这种交通方式呢？（可多选）

　　① 更安全　　② 时间更少　　③ 不用站　　④ 没有其他的方式　　⑤ 价钱可以承受

　　⑥ 更舒服　　⑦ 更方便　　⑧ 及时　　⑨ 其他

B4. 市中心购物交通出行情况

B4_1. 您现在最经常去的市中心购物地点是：＿＿＿＿＿ 区 ＿＿＿＿＿ 路，靠近 ＿＿＿＿＿ 路

B4_2. 您搬到这里之后，您最经常去的市中心有没有改变？

　　　①有改变，我去其他市中心　　　　　　　②没有改变（跳问 B4_3）

　　　↓

B4_2_1 请填写您以前经常去的市中心的地点：＿＿＿＿＿ 区 ＿＿＿＿＿ 路，靠近 ＿＿＿＿＿ 路
B4_2_2 您选择新的市中心购物地点原因是：（可多选）
①有更加便宜的物品　　　②离住的地方近　　　③交通方便　　　　④购物环境更好
⑤有更多可供选择的商品　　　⑥在上下班沿途可以顺便购物　　　　　⑦其他

B4_3. 您现在和以前一般多长时间去一次市中心购物？现在：＿＿＿＿＿ 次 / 月，以前：＿＿＿＿＿ 次 / 月

B4_4. 您现在和以前去市中心购物路上一般要用多少时间？
现在：去程：＿＿＿＿＿ 分钟；回程：＿＿＿＿＿ 分钟
以前：去程：＿＿＿＿＿ 分钟；回程：＿＿＿＿＿ 分钟

B4_5. 您现在和以前去市中心购物采用的交通方式分别是：（请按说明填写下表）

① 步行	② 坐出租车	③ 骑自行车	④ 自备车	⑤ 电动自行车
⑥ 燃气助动车	⑦ 燃油助动车	⑧ 摩托车	⑨ 公共汽车	⑩ 轨道交通
⑪ 超市班车	⑫ 其他			

请从以上所列的交通方式中选择您最常用的方式，如果去市中心的出行中有采用多种方式，请按照顺序填写，如自行车 - 公共汽车 - 步行，那么就分别在下表填上：③ ⑨ ①，并且在下面写上所用时间（单位：分钟）

内　容		1	2	3	4	5
样例	交通方式	③	⑨	①		
	所用时间	15 分钟	30 分钟	10 分钟	＿＿＿分钟	＿＿＿分钟
现在	交通方式					
	所用时间	＿＿＿分钟	＿＿＿分钟	＿＿＿分钟	＿＿＿分钟	＿＿＿分钟
以前	交通方式					
	所用时间	＿＿＿分钟	＿＿＿分钟	＿＿＿分钟	＿＿＿分钟	＿＿＿分钟

B4_6. 假如因为某种原因，您不采用这种方式去市中心购物，还有其他的方式吗？（请在下表填写）

内　容		1	2	3	4	5
现在	交通方式					
	所用时间	＿＿＿分钟	＿＿＿分钟	＿＿＿分钟	＿＿＿分钟	＿＿＿分钟
以前	交通方式					
	所用时间	＿＿＿分钟	＿＿＿分钟	＿＿＿分钟	＿＿＿分钟	＿＿＿分钟

B4_7. 您每次去市中心购物需要花多少交通费用：（单位：元）

时期	交通总支出	其　中			
		公交车费	打的费	地铁费	停车费
现在					
以前					

B4_8. 您现在去市中心购物为什么选择这种交通方式呢？（可多选）

① 更安全	② 时间更少	③ 不用站	④ 没有其他的方式	⑤ 价钱可以承受
⑥ 更舒服	⑦ 更方便	⑧ 及时	⑨ 其他	

B5. 请比较您现在的住所与过去的住所的差别

B5_1. 小区周边环境			
空气质量	①比以前好	②比以前差	③与以前一样
噪声影响	①比以前好	②比以前差	③与以前一样
治安环境	①比以前好	②比以前差	③与以前一样

B5_2. 小区周边服务设施			
学校水平	①比以前好	②比以前差	③与以前一样
医院服务水平	①比以前好	②比以前差	③与以前一样
饭店/商店服务水平	①比以前好	②比以前差	③与以前一样

B5_3. 小区周边交通状况			
停车	①比以前好	②比以前差	③与以前一样
交通拥堵	①比以前好	②比以前差	③与以前一样
交通安全	①比以前好	②比以前差	③与以前一样

B5_4. 到周边服务设施的交通便利程度			
到市中心购物的便捷性	①比以前好	②比以前差	③与以前一样
到大超市购物的便捷性	①比以前好	②比以前差	③与以前一样
到小商店购物的便捷性	①比以前好	②比以前差	③与以前一样
到单位的便捷性	①比以前好	②比以前差	③与以前一样
到饭店的距离	①比以前近	②比以前远	③与以前一样
到医院/邮局/银行的距离	①比以前近	②比以前远	③与以前一样
到高架或主要道路的距离	①比以前近	②比以前远	③与以前一样
到公交或地铁车站的距离	①比以前近	②比以前远	③与以前一样

B5_5. 对小区的满意程度			
住所	①比以前满意	②比以前不满意	③与以前一样
社区	①比以前满意	②比以前不满意	③与以前一样
工作满意情况	①比以前好	②比以前差	③与以前一样
邻里关系	①比以前好	②比以前差	③与以前一样
亲友关系	①比以前好	②比以前差	③与以前一样
交通	①比以前满意	②比以前不满意	③与以前一样

个 人 信 息 表 (成 年 人 填 写) —— 其他家庭成员一 ［第 7-11 页］

C1. 个人基本信息

C1_1. 您的性别：① 男性　② 女性

C1_2. 您的年龄：_____ 周岁

C1_3. 文化程度：　①初中及以下　　②高中　　　③大专　　　④大学本科　　　⑤研究生及以上

C1_4. 工作单位类型：① 政府部门　②国有企业　③集体企业　④外资企业　⑤私有企业　⑥其他

C1_5. 您的职业：

　　①工人　　　　②职员　　　　③服务员　　　④干部（管理人员）　⑤私有及个体企业经营者

　　⑥军警政法人员　⑦失业人员　　⑧离退休人员　　⑨离退休再就业人员　　⑩其他

C1_6. 现在您的月收入是：

　　① 1000 元人民币以下　② 1000—2500 元　③ 2501—4000 元　④ 4001—8000 元　⑤ 8000 元以上

C1_7. 以前您的月收入是：

　　① 1000 元人民币以下　② 1000—2500 元　③ 2501—4000 元　④ 4001—8000 元　⑤ 8000 元以上

C1_8. 现在和以前您在交通出行上每个月花费分别是多少？(单位：元)

时期	交通总支出	其中				
		公交车费	打的费	汽油费	停车费	地铁费
现在						
以前						

C1_9. 在您的小区，您使用的停车位情况是：

①我家里购买了车库 / 位，所以免费

②我家没有购买车库 / 位，不过小区里的停车是免费的

③我没有购买车库 / 位，我需每月付停车费，_____ 元 / 月

④我没有车，不用付停车费

C2. 上下班交通出行情况（该部分，请有工作者填写）

C2_1. 您现在的上班地点是：_____ 区 _____ 路，靠近 _____ 路

C2_2. 您搬到这里之后，您的上班地点有没有发生改变？

　　①有，我换工作了　　　　②有，我所在单位的地点换了　　　　③没有，我还在原来的地方

　　C2_2_1. 如果改变过上班地点，请填写您以前的上班地点：(本题请在 B2_2 题中选择①或②者回答)

　　　　　　　　　　　_____ 区 _____ 路，靠近 _____ 路

　　C2_2_2. 如果您换过工作，您选择新工作的主要原因是：(本题请在 B2_2 题中选择①者回答)

　　　　① 工资收入更高，福利待遇更好　　② 离住的地方近　　　③ 上下班交通方便

　　　　④ 工作环境更好　　　　　　　　　⑤ 工作时间更少　　　⑥ 其他（请注明）_____

　　C2_2_3. 您在选择新工作时，从交通出行上考虑了哪些因素？(本题请在 B2_2 题中选择①者回答)

　　　　① 花费的钱更少　　② 交通时间更少　　③ 可以步行或者骑自行车到达　　　④更加安全

　　　　⑤附近有公共汽车或者轨道交通，更方便到达　⑥自己有小汽车可以方便到达　⑦有单位班车可搭

　　　　⑧乘车环境更加人性化，更加、干净、舒适　　⑨ 有便宜的停车位　　⑩ 其他

C2_3. 每天上下班的时间

内容	现 在	以 前
上班的出发时间（24 小时制）	_____ 时 _____ 分	_____ 时 _____ 分
下班的出发时间（24 小时制）	_____ 时 _____ 分	_____ 时 _____ 分
上班到单位通常需要多少时间？	____ 小时 ____ 分钟	____ 小时 ____ 分钟
下班回家通常需要多少时间？	____ 小时 ____ 分钟	____ 小时 ____ 分钟
工作日（请在数字上打"√"）	①周一 ②周二 ③周三 ④周四 ⑤周五 ⑥周六 ⑦周日 ⑧每周不同	①周一 ②周二 ③周三 ④周四 ⑤周五 ⑥周六 ⑦周日 ⑧每周不同

C2_4. 您现在和以前上下班采用的交通方式分别是：（请按说明填写下表）

 ① 步行   ② 坐出租车 ③ 骑自行车 ④ 自备车 ⑤ 电动自行车

 ⑥ 燃气助动车 ⑦ 燃油助动车 ⑧ 摩托车 ⑨ 公共汽车 ⑩ 单位班车

 ⑪ 轨道交通 ⑫ 搭家人的车 ⑬ 其他

请从以上所列的交通方式中选择您最常用的方式，如果上班的出行中有采用多种方式，请按照顺序填写，如自行车 - 公共汽车 - 步行，那么就分别在下表中填上：③ ⑨ ①，并且在下面写上所用时间（单位:分钟）

内　容		1	2	3	4	5
样例	交通方式	③	⑨	①		
	所用时间	15 分钟	30 分钟	10 分钟	＿＿ 分钟	＿＿ 分钟
现在	交通方式					
	所用时间	＿＿ 分钟	＿＿ 分钟	＿＿ 分钟	＿＿ 分钟	＿＿ 分钟
以前	交通方式					
	所用时间	＿＿ 分钟	＿＿ 分钟	＿＿ 分钟	＿＿ 分钟	＿＿ 分钟

C2_5. 假如因为某种原因，您不采用这种方式去上下班，还有其他的方式吗？（请在下表填写）

内　容		1	2	3	4	5
现在	交通方式					
	所用时间	＿＿ 分钟	＿＿ 分钟	＿＿ 分钟	＿＿ 分钟	＿＿ 分钟
以前	交通方式					
	所用时间	＿＿ 分钟	＿＿ 分钟	＿＿ 分钟	＿＿ 分钟	＿＿ 分钟

C2_6. 您每天上下班交通花费多少钱：（单位：元）

时期	交通总支出	其　中			
		公交车费	打的费	地铁费	停车费
现在					
以前					

C2_7. 您现在上下班为什么选择这种交通方式呢？（可多选）

 ① 更安全 ② 时间更少 ③ 不用站 ④ 没有其他的方式 ⑤ 价钱可以承受

 ⑥ 更舒服 ⑦ 更方便 ⑧ 及时 ⑨ 其他

C2_8. 您在单位是否有免费的停车？ ①是 ②否

C2_9. 您的单位有班车吗？ ①是 ②否

C2_10. 单位每月为您大约提供多少交通补贴？＿＿＿＿＿ 元 / 月

C2_11. 近期内您准备换工作吗？

 ①不，我不会改变的 ②会的，我已经找到更好的 ③会的，我已经在找了 ④我不知道

C3. 大超市购物交通出行情况

C3_1. 您现在最经常去的大超市地点是：_____ 区 _____ 路，靠近 _____ 路

C3_2. 您搬到这里之后，您最经常去的大超市有没有改变？

　　① 有改变，我去另外一家大超市　　② 没有改变（跳问 B3_3）

B3_2_1 请填写您以前经常去的大超市的地点：_____ 区 _____ 路，靠近 _____ 路
B3_2_2 您选择新的大超市原因是：（可多选） ① 有更加便宜的物品　　② 离住的地方近　　③ 交通方便　　④ 购物环境更好 ⑤ 有更多可供选择的商品　　⑥ 在上下班沿途可以顺便购物　　⑦ 其他 B3_2_3 您在选择新的大超市的时候考虑了什么交通因素：（可多选） ① 花费的钱更少　　② 交通时间更少　　③ 有超市班车可搭　　④ 更加安全 ⑤ 可以步行或者骑自行车到达　　⑥ 附近有公共汽车或者轨道交通，更方便到达 ⑦ 乘车环境更加人性化，更加干净、舒适　　⑧ 其他

C3_3. 您现在和以前一般多长时间去一次大超市购物？现在：_____ 次 / 月，以前：_____ 次 / 月

C3_4. 您现在和以前去大超市购物路上一般要用多少时间？

　　现在：去程：_____ 分钟　回程：_____ 分钟

　　以前：去程：_____ 分钟　回程：_____ 分钟

C3_5. 您现在和以前去大超市购物采用的交通方式分别是：（请按说明填写下表）

　　① 步行　　　　② 坐出租车　　　③ 骑自行车　　④ 自备车　　　⑤ 电动自行车

　　⑥ 燃气助动车　⑦ 燃油助动车　　⑧ 摩托车　　　⑨ 公共汽车　　⑩ 轨道交通

　　⑪ 超市班车　　⑫ 其他

请从以上所列的交通方式中选择您最常用的方式，如果去大超市的出行中有采用多种方式，请按照顺序填写，如自行车 - 公共汽车 - 步行，那么就分别在下表填上：③ ⑨ ①，并且在下面写上所用时间（单位：分钟）

内　容		1	2	3	4	5
样例	交通方式	③	⑨	①		
	所用时间	15 分钟	30 分钟	10 分钟	_____ 分钟	_____ 分钟
现在	交通方式					
	所用时间	_____ 分钟	_____ 分钟	_____ 分钟	_____ 分钟	_____ 分钟
以前	交通方式					
	所用时间	_____ 分钟	_____ 分钟	_____ 分钟	_____ 分钟	_____ 分钟

C3_6. 假如因为某种原因，您不采用这种方式去大超市购物，还有其他的方式吗？（请在下表填写）

内　容		1	2	3	4	5
现在	交通方式					
	所用时间	_____ 分钟	_____ 分钟	_____ 分钟	_____ 分钟	_____ 分钟
以前	交通方式					
	所用时间	_____ 分钟	_____ 分钟	_____ 分钟	_____ 分钟	_____ 分钟

C3_7. 您每次去大超市购物需要花多少交通费用：（单位：元）

时期	交通总支出	其　中			
		公交车费	打的费	地铁费	停车费
现在					
以前					

C3_8. 您现在去大超市购物为什么选择这种交通方式呢？（可多选）

　　① 更安全　　② 时间更少　　③ 不用站　　④ 没有其他的方式　　⑤ 价钱可以承受

　　⑥ 更舒服　　⑦ 更方便　　⑧ 及时　　　⑨ 其他

C4. 市中心购物交通出行情况

C4_1. 您现在最经常去的市中心购物地点是：_____ 区 _____ 路，靠近 _____ 路

C4_2. 您搬到这里之后，您最经常去的市中心有没有改变？

　　　①有改变，我去其他市中心　　　　　　②没有改变（跳问 B4_3）
　　　↓

> C4_2_1. 请填写您以前经常去的市中心的地点：_____ 区 _____ 路，靠近 _____ 路
>
> C4_2_2. 您选择新的市中心购物地点原因是：（可多选）
>
> ①有更加便宜的物品　　②离住的地方近　　③交通方便　　④购物环境更好
>
> ⑤有更多可供选择的商品　　⑥在上下班沿途可以顺便购物　　⑦其他

C4_3. 您现在和以前一般多长时间去一次市中心购物？现在：_____ 次/月，以前：_____ 次/月

C4_4. 您现在和以前去市中心购物路上一般要用多少时间？

现在：去程：_____ 分钟；回程：_____ 分钟

以前：去程：_____ 分钟；回程：_____ 分钟

C4_5. 您现在和以前去市中心购物采用的交通方式分别是：（请按说明填写下表）

① 步行　　　　② 坐出租车　　　　③ 骑自行车　　　　④ 自备车　　　　⑤ 电动自行车

⑥ 燃气助动车　　⑦ 燃油助动车　　⑧ 摩托车　　　　⑨ 公共汽车　　　⑩ 轨道交通

⑪ 超市班车　　⑫ 其他

请从以上所列的交通方式中选择您最常用的方式，如果去市中心的出行中有采用多种方式，请按照顺序填写，如自行车-公共汽车-步行，那么就分别在下表填上：③⑨①，并且在下面写上所用时间（单位：分钟）

内　容		1	2	3	4	5
样例	交通方式	③	⑨	①		
	所用时间	15 分钟	30 分钟	10 分钟	_____ 分钟	_____ 分钟
现在	交通方式					
	所用时间	_____ 分钟	_____ 分钟	_____ 分钟	_____ 分钟	_____ 分钟
以前	交通方式					
	所用时间	_____ 分钟	_____ 分钟	_____ 分钟	_____ 分钟	_____ 分钟

C4_6. 假如因为某种原因，您不采用这种方式去市中心购物，还有其他的方式吗？（请在下表填写）

内　容		1	2	3	4	5
现在	交通方式					
	所用时间	_____ 分钟	_____ 分钟	_____ 分钟	_____ 分钟	_____ 分钟
以前	交通方式					
	所用时间	_____ 分钟	_____ 分钟	_____ 分钟	_____ 分钟	_____ 分钟

C4_7. 您每次去市中心购物需要花多少交通费用：（单位：元）

时期	交通总支出	其中			
		公交车费	打的费	地铁费	停车费
现在					
以前					

C4_8. 您现在去市中心购物为什么选择这种交通方式呢？（可多选）

① 更安全　　② 时间更少　　③ 不用站　　④ 没有其他的方式　　⑤ 价钱可以承受

⑥ 更舒服　　⑦ 更方便　　⑧ 及时　　　⑨ 其他

C5. 请比较您现在的住所与过去的住所的差别

C5_1. 小区周边环境

空气质量	①比以前好	②比以前差	③与以前一样
噪声影响	①比以前好	②比以前差	③与以前一样
治安环境	①比以前好	②比以前差	③与以前一样

C5_2. 小区周边服务设施

学校水平	①比以前好	②比以前差	③与以前一样
医院服务水平	①比以前好	②比以前差	③与以前一样
饭店 / 商店服务水平	①比以前好	②比以前差	③与以前一样

C5_3. 小区周边交通状况

停车	①比以前好	②比以前差	③与以前一样
交通拥堵	①比以前好	②比以前差	③与以前一样
交通安全	①比以前好	②比以前差	③与以前一样

C5_4. 到周边服务设施的交通便利程度

到市中心购物的便捷性	①比以前好	②比以前差	③与以前一样
到大超市购物的便捷性	①比以前好	②比以前差	③与以前一样
到小商店购物的便捷性	①比以前好	②比以前差	③与以前一样
到单位的便捷性	①比以前好	②比以前差	③与以前一样
到饭店的距离	①比以前近	②比以前远	③与以前一样
到医院 / 邮局 / 银行的距离	①比以前近	②比以前远	③与以前一样
到高架或主要道路的距离	①比以前近	②比以前远	③与以前一样
到公交或地铁车站的距离	①比以前近	②比以前远	③与以前一样

C5_5. 对小区的满意程度

住所	①比以前满意	②比以前不满意	③与以前一样
社区	①比以前满意	②比以前不满意	③与以前一样
工作满意情况	①比以前好	②比以前差	③与以前一样
邻里关系	①比以前好	②比以前差	③与以前一样
亲友关系	①比以前好	②比以前差	③与以前一样
交通	①比以前满意	②比以前不满意	③与以前一样

个 人 信 息 表 (成 年 人 填 写)——其他家庭成员二 ［第 12-16 页］

D1. 个人基本信息

D1_1. 您的性别：① 男性　　② 女性

D1_2. 您的年龄：_____ 周岁

D1_3. 文化程度：　①初中及以下　　②高中　　③大专　　④大学本科　　⑤研究生及以上

D1_4. 工作单位类型：① 政府部门　②国有企业　③集体企业　④外资企业　⑤私有企业　⑥其他

D1_5. 您的职业：

　　①工人　　　　②职员　　　　③服务员　　④干部（管理人员）　⑤私有及个体企业经营者

　　⑥军警政法人员　⑦失业人员　⑧离退休人员　　⑨离退休再就业人员　　⑩其他

D1_6. 现在您的月收入是：

　　① 1000 元人民币以下　② 1000—2500 元　③ 2501—4000 元　④ 4001—8000 元　⑤ 8000 元以上

D1_7. 以前您的月收入是：

　　① 1000 元人民币以下　② 1000—2500 元　③ 2501—4000 元　④ 4001—8000 元　⑤ 8000 元以上

D1_8. 现在和以前您在交通出行上每个月花费分别是多少？（单位：元）

时期	交通总支出	其 中				
		公交车费	打的费	汽油费	停车费	地铁费
现在						
以前						

D1_9. 在您的小区，您使用的停车位情况是：

①我家里购买了车库 / 位，所以免费

②我家没有购买车库 / 位，不过小区里的停车是免费的

③我没有购买车库 / 位，我需每月付停车费，_____ 元 / 月

④我没有车，不用付停车费

D2. 上下班交通出行情况（该部分，请有工作者填写）

D2_1. 您现在的上班地点是：_____ 区 _____ 路，靠近 _____ 路

D2_2. 您搬到这里之后，您的上班地点有没有发生改变？

　①有，我换工作了　　　②有，我所在单位的地点换了　　　③没有，我还在原来的地方

　D2_2_1. 如果改变过上班地点，请填写您以前的上班地点：(本题请在 B2_2 题中选择①或②者回答)

　_____ 区 _____ 路，靠近 _____ 路

　D2_2_2. 如果您换过工作，您选择新工作的主要原因是：(本题请在 B2_2 题中选择①者回答)

　　① 工资收入更高，福利待遇更好　　② 离住的地方近　　　③ 上下班交通方便

　　④ 工作环境更好　　　　　　　　　⑤ 工作时间更少　　　⑥ 其他（请注明）_____

　D2_2_3. 您在选择新工作时，从交通出行上考虑了哪些因素？ (本题请在 B2_2 题中选择①者回答)

　　① 花费的钱更少　　② 交通时间更少　　③ 可以步行或者骑自行车到达　　④ 更加安全

　　⑤附近有公共汽车或者轨道交通，更方便到达　⑥自己有小汽车可以方便到达　⑦有单位班车可搭

　　⑧乘车环境更加人性化，更加干净、舒适　　⑨ 有便宜的停车位　　　⑩ 其他

D2_3. 每天上下班的时间

内容	现 在	以 前
上班的出发时间（24 小时制）	_____ 时 _____ 分	_____ 时 _____ 分
下班的出发时间（24 小时制）	_____ 时 _____ 分	_____ 时 _____ 分
上班到单位通常需要多少时间？	_____ 小时 _____ 分钟	_____ 小时 _____ 分钟
下班回家通常需要多少时间？	_____ 小时 _____ 分钟	_____ 小时 _____ 分钟
工作日（请在数字上打"✓"）	①周一 ②周二 ③周三 ④周四 ⑤周五 ⑥周六 ⑦周日 ⑧每周不同	①周一 ②周二 ③周三 ④周四 ⑤周五 ⑥周六 ⑦周日 ⑧每周不同

D2_4. 您现在和以前上下班采用的交通方式分别是：(请按说明填写下表)

① 步行　　② 坐出租车　　③ 骑自行车　　④ 自备车　　⑤ 电动自行车

⑥ 燃气助动车　　⑦ 燃油助动车　　⑧ 摩托车　　⑨ 公共汽车　　⑩ 单位班车

⑪ 轨道交通　　⑫ 搭家人的车　　⑬ 其他

请从以上所列的交通方式中选择您最常用的方式，如果上班的出行中有采用多种方式，请按照顺序填写，如自行车 - 公共汽车 - 步行，那么就分别在下表中填上：③ ⑨ ①，并且在下面写上所用时间（单位：分钟）

内　容		1	2	3	4	5
样例	交通方式	③	⑨	①		
	所用时间	15 分钟	30 分钟	10 分钟	_____ 分钟	_____ 分钟
现在	交通方式					
	所用时间	_____ 分钟	_____ 分钟	_____ 分钟	_____ 分钟	_____ 分钟
以前	交通方式					
	所用时间	_____ 分钟	_____ 分钟	_____ 分钟	_____ 分钟	_____ 分钟

D2_5. 假如因为某种原因，您不采用这种方式去上下班，还有其他的方式吗？（请在下表填写）

内　容		1	2	3	4	5
现在	交通方式					
	所用时间	_____ 分钟	_____ 分钟	_____ 分钟	_____ 分钟	_____ 分钟
以前	交通方式					
	所用时间	_____ 分钟	_____ 分钟	_____ 分钟	_____ 分钟	_____ 分钟

D2_6. 您每天上下班交通花费多少钱：（单位：元）

时期	交通总支出	其 中			
		公交车费	打的费	地铁费	停车费
现在					
以前					

D2_7. 您现在上下班为什么选择这种交通方式呢？（可多选）

① 更安全　　② 时间更少　　③ 不用站　　④ 没有其他的方式　　⑤ 价钱可以承受

⑥ 更舒服　　⑦ 更方便　　⑧ 及时　　⑨ 其他

D2_8. 您在单位是否有免费的停车？　　① 是　　② 否

D2_9. 您的单位有班车吗？　　① 是　　② 否

D2_10. 单位每月为您大约提供多少交通补贴？　_____ 元 / 月

D2_11. 近期内您准备换工作吗？

① 不，我不会改变的　　② 会的，我已经找到更好的　　③ 会的，我已经在找了　　④ 我不知道

D3. 大超市购物交通出行情况

D3_1. 您现在最经常去的大超市地点是：_____ 区 _____ 路，靠近 _____ 路

D3_2. 您搬到这里之后，您最经常去的大超市有没有改变？

　　　①有改变，我去另外一家大超市　　　　②没有改变（跳问 B3_3）
　　　↓

B3_2_1 请填写您以前经常去的大超市的地点：_____ 区 _____ 路，靠近 _____ 路
B3_2_2 您选择新的大超市原因是：（可多选） ①有更加便宜的物品　　②离住的地方近　　③交通方便　　④购物环境更好 ⑤有更多可供选择的商品　　⑥在上下班沿途可以顺便购物　　⑦其他 B3_2_3 您在选择新的大超市的时候考虑了什么交通因素？（可多选） ① 花费的钱更少　　　② 交通时间更少　　　③ 有超市班车可搭　　④更加安全 ⑤ 可以步行或者骑自行车到达　　⑥ 附近有公共汽车或者轨道交通，更方便到达 ⑦ 乘车环境更加人性化，更加干净、舒适　　　　⑧其他

D3_3. 您现在和以前一般多长时间去一次大超市购物？现在：_____ 次／月，以前：_____ 次／月

D3_4. 您现在和以前去大超市购物路上一般要用多少时间？

　　　现在：去程：_____ 分钟；回程：_____ 分钟

　　　以前：去程：_____ 分钟；回程：_____ 分钟

D3_5. 您现在和以前去大超市购物采用的交通方式分别是：（请按说明填写下表）

　　① 步行　　　② 坐出租车　　　③ 骑自行车　　　④ 自备车　　　⑤ 电动自行车
　　⑥ 燃气助动车　　⑦ 燃油助动车　　⑧ 摩托车　　　⑨ 公共汽车　　　⑩ 轨道交通
　　⑪ 超市班车　　⑫ 其他

请从以上所列的交通方式中选择您最常用的方式，如果去大超市的出行中有采用多种方式，请按照顺序填写，如自行车 - 公共汽车 - 步行，那么就分别在下表填上：③ ⑨ ①，并且在下面写上所用时间（单位:分钟）

内　容		1	2	3	4	5
样例	交通方式	③	⑨	①		
	所用时间	15 分钟	30 分钟	10 分钟	_____ 分钟	_____ 分钟
现在	交通方式					
	所用时间	_____ 分钟	_____ 分钟	_____ 分钟	_____ 分钟	_____ 分钟
以前	交通方式					
	所用时间	_____ 分钟	_____ 分钟	_____ 分钟	_____ 分钟	_____ 分钟

D3_6. 假如因为某种原因，您不采用这种方式去大超市购物，还有其他的方式吗？（请在下表填写）

内　容		1	2	3	4	5
现在	交通方式					
	所用时间	_____ 分钟	_____ 分钟	_____ 分钟	_____ 分钟	_____ 分钟
以前	交通方式					
	所用时间	_____ 分钟	_____ 分钟	_____ 分钟	_____ 分钟	_____ 分钟

D3_7. 您每次去大超市购物需要花多少交通费用：（单位:元）

时期	交通总支出	其　中			
		公交车费	打的费	地铁费	停车费
现在					
以前					

D3_8. 您现在去大超市购物为什么选择这种交通方式呢？（可多选）

　　① 更安全　　　② 时间更少　　③ 不用站　　　④ 没有其他的方式　　⑤ 价钱可以承受
　　⑥ 更舒服　　　⑦ 更方便　　　⑧ 及时　　　　⑨ 其他

D4. 市中心购物交通出行情况

D4_1.您现在最经常去的市中心购物地点是：_____ 区 _____ 路, 靠近 _____ 路

D4_2.您搬到这里之后，您最经常去的市中心有没有改变？

    ①有改变, 我去其他市中心   ②没有改变（跳问 B4_3）

    ↓

> D4_2_1.请填写您以前经常去的市中心的地点：_____ 区 _____ 路, 靠近 _____ 路
>
> D4_2_2.您选择新的市中心购物地点原因是:（可多选）
>
> ①有更加便宜的物品   ②离住的地方近   ③交通方便   ④购物环境更好
>
> ⑤有更多可供选择的商品   ⑥在上下班沿途可以顺便购物   ⑦其他

D4_3.您现在和以前一般多长时间去一次市中心购物？现在：_____ 次 / 月，以前：_____ 次 / 月

D4_4.您现在和以前去市中心购物路上一般要用多少时间？

现在：去程：_____ 分钟；回程：_____ 分钟

以前：去程：_____ 分钟；回程：_____ 分钟

D4_5.您现在和以前去市中心购物采用的交通方式分别是:（请按说明填写下表）

① 步行   ② 坐出租车   ③ 骑自行车   ④ 自备车   ⑤ 电动自行车

⑥ 燃气助动车   ⑦ 燃油助动车   ⑧ 摩托车   ⑨ 公共汽车   ⑩ 轨道交通

⑪ 超市班车   ⑫ 其他

请从以上所列的交通方式中选择您最常用的方式，如果去市中心的出行中有采用多种方式，请按照顺序填写，如自行车 - 公共汽车 - 步行，那么就分别在下表填上：③ ⑨ ①，并且在下面写上所用时间（单位:分钟）

内 容		1	2	3	4	5
样例	交通方式	③	⑨	①		
	所用时间	15 分钟	30 分钟	10 分钟	_____ 分钟	_____ 分钟
现在	交通方式					
	所用时间	_____ 分钟	_____ 分钟	_____ 分钟	_____ 分钟	_____ 分钟
以前	交通方式					
	所用时间	_____ 分钟	_____ 分钟	_____ 分钟	_____ 分钟	_____ 分钟

D4_6.假如因为某种原因，您不采用这种方式去市中心购物，还有其他的方式吗？（请在下表填写）

内 容		1	2	3	4	5
现在	交通方式					
	所用时间	_____ 分钟	_____ 分钟	_____ 分钟	_____ 分钟	_____ 分钟
以前	交通方式					
	所用时间	_____ 分钟	_____ 分钟	_____ 分钟	_____ 分钟	_____ 分钟

D4_7.您每次去市中心购物需要花多少交通费：（单位:元）

时期	交通总支出	其 中			
		公交车费	打的费	地铁费	停车费
现在					
以前					

D4_8.您现在去市中心购物为什么选择这种交通方式呢？（可多选）

① 更安全   ② 时间更少   ③ 不用站   ④ 没有其他的方式   ⑤ 价钱可以承受

⑥ 更舒服   ⑦ 更方便   ⑧ 及时   ⑨ 其他

D5. 请比较您现在的住所与过去的住所的差别

D5_1. 小区周边环境			
空气质量	①比以前好	②比以前差	③与以前一样
噪声影响	①比以前好	②比以前差	③与以前一样
治安环境	①比以前好	②比以前差	③与以前一样
D5_2. 小区周边服务设施			
学校水平	①比以前好	②比以前差	③与以前一样
医院服务水平	①比以前好	②比以前差	③与以前一样
饭店/商店服务水平	①比以前好	②比以前差	③与以前一样
D5_3. 小区周边交通状况			
停车	①比以前好	②比以前差	③与以前一样
交通拥堵	①比以前好	②比以前差	③与以前一样
交通安全	①比以前好	②比以前差	③与以前一样
D5_4. 到周边服务设施的交通便利程度			
到市中心购物的便捷性	①比以前好	②比以前差	③与以前一样
到大超市购物的便捷性	①比以前好	②比以前差	③与以前一样
到小商店购物的便捷性	①比以前好	②比以前差	③与以前一样
到单位的便捷性	①比以前好	②比以前差	③与以前一样
到饭店的距离	①比以前近	②比以前远	③与以前一样
到医院/邮局/银行的距离	①比以前近	②比以前远	③与以前一样
到高架或主要道路的距离	①比以前近	②比以前远	③与以前一样
到公交或地铁车站的距离	①比以前近	②比以前远	③与以前一样
D5_5. 对小区的满意程度			
住所	①比以前满意	②比以前不满意	③与以前一样
社区	①比以前满意	②比以前不满意	③与以前一样
工作满意情况	①比以前好	②比以前差	③与以前一样
邻里关系	①比以前好	②比以前差	③与以前一样
亲友关系	①比以前好	②比以前差	③与以前一样
交通	①比以前满意	②比以前不满意	③与以前一样

个人信息表（学生填写）[第17-21页]

E1. 个人基本信息

E1_1. 您的性别：① 男性   ② 女性

E1_2. 您的年龄：_____ 周岁

E1_3. 您是：   ① 初中生   ② 高中生   ③ 大中专生   ④ 大学以上学生

E1_4. 现在和以前您在交通出行上每个月花费分别是多少？（单位：元）

时期	交通总支出	其中			
		公交车费	打的费	停车费	地铁费
现在					
以前					

E2. 上学交通出行情况

E2_1. 您现在的学校地点是：_____ 区 _____ 路，靠近 _____ 路

E2_2. 您搬到这里之后，您就读的学校有没有发生改变？

　　① 有　　　　　　　　② 没有

　　E2_2_1. 如果改变过学校地点，请填写您以前的学校地点：（本题请在 E2_2 题中选择①者回答）

　　　　　　　　　　　_____ 区 _____ 路，靠近 _____ 路

　　E2_2_2. 如果您换过学校，您选择换学校的主要原因是：（本题请在 E2_2 题中选择①者回答）

　　　① 升学　　　　　　　　　② 更好的读书环境　　　　　③ 接近住处

　　　④ 交通便利　　　　　　　　⑤ 花费更少　　　　　　　⑥ 其他（请注明）_____

　　E2_2_3. 您在换学校的时候考虑了什么交通因素（多选题）？　（本题请在 E2_2 题中选择①者回答）

　　　① 花费的钱更少　　　② 交通时间更少　　③ 有校车可搭　　④ 可以步行或者骑自行车到达

　　　⑤ 更加安全　　　　⑥ 附近有公共汽车或者轨道交通，更方便到达

　　　⑦ 乘车环境更加人性化，更加干净、舒适　　　⑧ 其他

E2_3. 每天上下学的时间

内容	现在	以前
上学的出发时间（24小时制）	____ 时 ____ 分	____ 时 ____ 分
下学的出发时间（24小时制）	____ 时 ____ 分	____ 时 ____ 分
上学到学校通常需要多少时间？	____ 小时 ____ 分钟	____ 小时 ____ 分钟
下学回家通常需要多少时间？	____ 小时 ____ 分钟	____ 小时 ____ 分钟

E2_4.您现在和以前上下学采用的交通方式分别是：（请按说明填写下表）

① 步行　　　② 坐出租车　　　③ 骑自行车　　　④ 自备车　　　⑤ 电动自行车

⑥ 燃气助动车　⑦ 燃油助动车　⑧ 摩托车　　　⑨ 公共汽车　　⑩ 单位班车

⑪ 轨道交通　　⑫ 搭家人的车　⑬ 其他

请从以上所列的交通方式中选择您最常用的方式，如果上学的出行中有采用多种方式，请按照顺序填写，如自行车 - 公共汽车 - 步行，那么就分别在下表中填上：③ ⑨ ①，并且在下面写上所用时间（单位：分钟）

内　容		1	2	3	4	5
样例	交通方式	③	⑨	①		
	所用时间	15 分钟	30 分钟	10 分钟	＿＿＿分钟	＿＿＿分钟
现在	交通方式					
	所用时间	＿＿＿分钟	＿＿＿分钟	＿＿＿分钟	＿＿＿分钟	＿＿＿分钟
以前	交通方式					
	所用时间	＿＿＿分钟	＿＿＿分钟	＿＿＿分钟	＿＿＿分钟	＿＿＿分钟

E2_5.假如因为某种原因，您不采用这种方式去上下学，还有其他的方式吗？（请在下表填写）

内　容		1	2	3	4	5
现在	交通方式					
	所用时间	＿＿＿分钟	＿＿＿分钟	＿＿＿分钟	＿＿＿分钟	＿＿＿分钟
以前	交通方式					
	所用时间	＿＿＿分钟	＿＿＿分钟	＿＿＿分钟	＿＿＿分钟	＿＿＿分钟

E2_6.您每天上下学交通花费多少钱：（单位：元）

时期	交通总支出	其　中			
		公交车费	打的费	地铁费	停车费
现在					
以前					

E2_7.您现在上下学为什么选择这种交通方式呢？（可多选）

① 更安全　　② 时间更少　　③ 不用站　　④ 没有其他的方式　　⑤ 价钱可以承受

⑥ 更舒服　　⑦ 更方便　　⑧ 及时　　　⑨ 其他

191

E3. 大超市购物交通出行情况

E3_1. 您现在最经常去的大超市地点是：_____ 区 _____ 路，靠近 _____ 路

E3_2. 您搬到这里之后，您最经常去的大超市有没有改变？

    ①有改变，我去另外一家大超市   ②没有改变（跳问 E3_3）
    ↓

> E3_2_1. 请填写您以前经常去的大超市的地点：_____ 区 _____ 路，靠近 _____ 路
>
> E3_2_2. 您选择新的大超市原因是：(可多选)
>
> ①有更加便宜的物品   ②离住的地方近   ③交通方便   ④购物环境更好
>
> ⑤有更多可供选择的商品   ⑥在上下学沿途可以顺便购物   ⑦其他
>
> E3_2_3. 您在选择新的大超市的时候考虑了什么交通因素：(可多选)
>
> ① 花费的钱更少   ② 交通时间更少   ③ 有超市班车可搭   ④ 更加安全
>
> ⑤ 可以步行或者骑自行车到达   ⑥ 附近有公共汽车或者轨道交通，更方便到达
>
> ⑦ 乘车环境更加人性化，更加干净、舒适   ⑧其他

E3_3. 您现在和以前一般多长时间去一次大超市购物？现在：_____ 次／月，以前：_____ 次／月

E3_4. 您现在和以前去大超市购物路上一般要用多少时间？

    现在：去程：_____ 分钟；回程：_____ 分钟

    以前：去程：_____ 分钟；回程：_____ 分钟

E3_5. 您现在和以前去大超市购物采用的交通方式分别是：(请按说明填写下表)

    ① 步行   ② 坐出租车   ③ 骑自行车   ④ 自备车   ⑤ 电动自行车

    ⑥ 燃气助动车   ⑦ 燃油助动车   ⑧ 摩托车   ⑨ 公共汽车   ⑩ 轨道交通

    ⑪ 超市班车   ⑫ 其他

请从以上所列的交通方式中选择您最常用的方式，如果去大超市的出行中有采用多种方式，请按照顺序填写，如自行车 - 公共汽车 - 步行，那么就分别在下表填上：③ ⑨ ①，并且在下面写上所用时间（单位：分钟）

内 容		1	2	3	4	5
样例	交通方式	③	⑨	①		
	所用时间	15 分钟	30 分钟	10 分钟	___ 分钟	___ 分钟
现在	交通方式					
	所用时间	___ 分钟	___ 分钟	___ 分钟	___ 分钟	___ 分钟
以前	交通方式					
	所用时间	___ 分钟	___ 分钟	___ 分钟	___ 分钟	___ 分钟

E3_6. 假如因为某种原因，您不采用这种方式去大超市购物，还有其他的方式吗？（请在下表填写）

内 容		1	2	3	4	5
现在	交通方式					
	所用时间	___ 分钟	___ 分钟	___ 分钟	___ 分钟	___ 分钟
以前	交通方式					
	所用时间	___ 分钟	___ 分钟	___ 分钟	___ 分钟	___ 分钟

E3_7. 您每次去大超市购物需要花多少交通费用：(单位：元)

时期	交通总支出	其 中			
		公交车费	打的费	地铁费	停车费
现在					
以前					

E3_8. 您现在去大超市购物为什么选择这种交通方式呢？（可多选）

    ① 更安全   ② 时间更少   ③ 不用站   ④ 没有其他的方式   ⑤ 价钱可以承受

    ⑥ 更舒服   ⑦ 更方便   ⑧ 及时   ⑨ 其他

E4. 市中心购物交通出行情况

E4_1. 您现在最经常去的市中心购物地点是：_____ 区 _____ 路，靠近 _____ 路

E4_2. 您搬到这里之后，您最经常去的市中心有没有改变？

① 有改变，我去其他市中心　　　　　　　　② 没有改变（跳问 B4_3）

↓

E4_2_1 请填写您以前经常去的市中心的地点：_____ 区 _____ 路，靠近 _____ 路

E4_2_2 您选择新的市中心购物地点原因是：（可多选）

① 有更加便宜的物品　　② 离住的地方近　　③ 交通方便　　④ 购物环境更好

⑤ 有更多可供选择的商品　　⑥ 在上下班沿途可以顺便购物　　⑦ 其他

E4_3. 您现在和以前一般多长时间去一次市中心购物？现在：_____ 次 / 月，以前：_____ 次 / 月

E4_4. 您现在和以前去市中心购物路上一般要用多少时间？

现在：去程：_____ 分钟；回程：_____ 分钟

以前：去程：_____ 分钟；回程：_____ 分钟

E4_5. 您现在和以前去市中心购物采用的交通方式分别是：（请按说明填写下表）

① 步行　　② 坐出租车　　③ 骑自行车　　④ 自备车　　⑤ 电动自行车

⑥ 燃气助动车　　⑦ 燃油助动车　　⑧ 摩托车　　⑨ 公共汽车　　⑩ 轨道交通

⑪ 超市班车　　⑫ 其他

请从以上所列的交通方式中选择您最常用的方式，如果去市中心的出行中有采用多种方式，请按照顺序填写，如自行车 - 公共汽车 - 步行，那么就分别在下表填上：③ ⑨ ①，并且在下面写上所用时间（单位:分钟）

内　容		1	2	3	4	5
样例	交通方式	③	⑨	①		
	所用时间	15 分钟	30 分钟	10 分钟	_____ 分钟	_____ 分钟
现在	交通方式					
	所用时间	_____ 分钟	_____ 分钟	_____ 分钟	_____ 分钟	_____ 分钟
以前	交通方式					
	所用时间	_____ 分钟	_____ 分钟	_____ 分钟	_____ 分钟	_____ 分钟

E4_6. 假如因为某种原因，您不采用这种方式去市中心购物，还有其他的方式吗？（请在下表填写）

内　容		1	2	3	4	5
现在	交通方式					
	所用时间	_____ 分钟	_____ 分钟	_____ 分钟	_____ 分钟	_____ 分钟
以前	交通方式					
	所用时间	_____ 分钟	_____ 分钟	_____ 分钟	_____ 分钟	_____ 分钟

E4_7. 您每次去市中心购物需要花多少交通费用：（单位：元）

时期	交通总支出	其　中			
		公交车费	打的费	地铁费	停车费
现在					
以前					

E4_8. 您现在去市中心购物为什么选择这种交通方式呢？（可多选）

① 更安全　　② 时间更少　　③ 不用站　　④ 没有其他的方式　　⑤ 价钱可以承受

⑥ 更舒服　　⑦ 更方便　　⑧ 及时　　⑨ 其他

E5. 请比较您现在的住所与过去的住所的差别

E5_1. 小区周边环境			
空气质量	①比以前好	②比以前差	③与以前一样
噪声影响	①比以前好	②比以前差	③与以前一样
治安环境	①比以前好	②比以前差	③与以前一样
E5_2. 小区周边服务设施			
学校水平	①比以前好	②比以前差	③与以前一样
医院服务水平	①比以前好	②比以前差	③与以前一样
饭店/商店服务水平	①比以前好	②比以前差	③与以前一样
E5_3. 小区周边交通状况			
停车	①比以前好	②比以前差	③与以前一样
交通拥堵	①比以前好	②比以前差	③与以前一样
交通安全	①比以前好	②比以前差	③与以前一样
E5_4. 到周边服务设施的交通便利程度			
到市中心购物的便捷性	①比以前好	②比以前差	③与以前一样
到大超市购物的便捷性	①比以前好	②比以前差	③与以前一样
到小商店购物的便捷性	①比以前好	②比以前差	③与以前一样
到学校的便捷性	①比以前好	②比以前差	③与以前一样
到饭店的距离	①比以前近	②比以前远	③与以前一样
到医院/邮局/银行的距离	①比以前近	②比以前远	③与以前一样
到高架或主要道路的距离	①比以前近	②比以前远	③与以前一样
到公交或地铁车站的距离	①比以前近	②比以前远	③与以前一样
E5_5. 对小区的满意程度			
住所	①比以前满意	②比以前不满意	③与以前一样
社区	①比以前满意	②比以前不满意	③与以前一样
工作满意情况	①比以前好	②比以前差	③与以前一样
邻里关系	①比以前好	②比以前差	③与以前一样
亲友关系	①比以前好	②比以前差	③与以前一样
交通	①比以前满意	②比以前不满意	③与以前一样

再次感谢您的配合！

参考文献

外文参考书

[1] Katie Williams. Spatial Planning, Urban Form and Sustainable Transport：An Introduction. Ashgate Publish Limited，2004.

[2] Chreod. The Shanghai Metropolitan Region：Development Trend and Strategic Challenges. The World Bank，2003.

[3] Dominic Stead，Stephen Marshall. The Relationships between Urban Form and Travel Patterns. An International Review and Evaluation. EJTIR，1，no. 2（2001）.

[4] Alain Bertaud. The spatial organization of cities：Deliberate outcome or unforeseen consequence? Institute of Urban & Regional Development. IURD Working Paper Series，2004.

[5] Hidefumi IMURA. Policy Integration for Energy Related Issues in Asian Mega-Cities. IGES/APN Workshop，2002.

[6] H T Dimitriou. Towards a Generic Sustainable Urban Transportation Strategy for Middle-sized Cities in Asia：Lessons from Ningbo, Kanpur and Solo. Habitat International Journal，2006.

[7] Hidefumi Imura. Studies on Tokyo, Seoul, Beijing and Shanghai, IGES UE Project.

[8] Padeco. Study on Urban Transport Development. The World Bank，2000.

[9] Stephen Marshall. Transport and the Design of Urban Structure. http：//www.bartlett.ucl. ac.uk/research/marshall/index.htm，2001.

[10] Randall Crane. The Impacts of Urban Form on Travel：A Critical Review. Lincoln Institute of Land Policy Working Paper，1999.

[11] Antonio M. The Impact of Urban Spatial Structure on Travel Demand in the United States. 2003.

中文译著

[1]（美）阿瑟·奥沙利文. 城市经济学 [M]. 第四版. 苏晓燕，常荆莎，朱雅丽，等，译. 北京：中信出版社，2004.

[2]（法）皮埃尔·梅兰. 城市交通 [M]. 高煜，译. 北京：商务印书馆，1996.

[3]（德）德国技术合作公司（GTZ）. 可持续发展的交通：发展中城市政策制定者资料手册. 钱振东，陆振波，译. 北京：人民交通出版社，2005.

[4]（美）新都市主义协会. 新都市主义宪章 [M]. 杨北帆，张萍，郭莹，译. 天津：科学技术出版社，2004.

[5]（日）青山吉隆. 图说城市区域规划 [M]. 罗敏,蒋恩,王雷,译. 上海:同济大学出版社,
2005.

[6]（美）罗伯特·瑟夫洛. 公交都市 [M]. 宇恒可持续交通研究中心,译. 北京:中国建
筑工业出版社,2007.

[7]（英）詹克斯,等. 紧缩城市:一种可持续发展的城市形态 [M]. 周玉鹏,译. 北京:中
国建筑工业出版社,2004.

中文参考书

[1] 孙施文. 现代城市规划理论 [M]. 北京:中国建筑工业出版社,2007.

[2] 周一星. 城市地理学 [M]. 北京:商务印书馆,2007.

[3] 徐循初,黄建中. 城市道路与交通规划（下册）[M]. 北京:中国建筑工业出版社,
2007.

[4] 文国玮. 城市交通与道路系统规划 [M]. 北京:清华大学出版社,2001.

[5] 彭震伟. 区域研究与区域规划 [M]. 上海:同济大学出版社,1998.

[6] 丁成日. 城市规划与空间结构:城市可持续发展战略 [M]. 北京:中国建筑工业出版社,
2005.

[7] 潘海啸. 大都市地区快速交通和城镇发展——国际经验和上海的研究 [M]. 上海:同
济大学出版社,2002.

[8] 叶贵勋,等. 上海城市空间发展战略研究 [M]. 北京:中国建筑工业出版社,2003.

[9] 熊国平. 当代中国城市形态演变 [M]. 北京:中国建筑工业出版社,2006.

[10] 顾朝林,甄峰,张京祥. 集聚与扩散——城市空间结构新论 [M]. 南京:东南大学出
版社,2000.

[11] 柴彦威. 中国城市的时空间结构 [M]. 北京:北京大学出版社,2002.

[12] 王兴中. 中国城市生活空间结构研究 [M]. 北京:科学出版社,2004.11.

[13] 梁江,孙晖. 模式与动因:中国城市中心区的形态演变 [M]. 北京:中国建筑工业出
版社,2007.

[14] 高向东. 大城市人口变动与郊区化研究 [M]. 上海:复旦大学出版社,2003.

[15] 张文宏. 中国城市的阶层结构和社会网络 [M]. 上海:上海人民出版社,2006.

[16] 黄志宏. 城市居住区空间结构模式的演变 [M]. 北京:社会科学文献出版社,2006.

[17] 吴启焰. 大城市居住空间分异研究的理论与实践 [M]. 北京:科学出版社,2001.

[18] 万勇. 旧城的和谐更新 [M]. 北京:中国建筑工业出版社,2006.

[19] 吴瑞君. 上海大都市圈人口发展战略研究 [M]. 四川:四川人民出版社,2006.10.

[20] 邱跃,等. 全国注册城市规划师执业资格考试辅导教材之城市规划管理与法规 [M].
北京:中国建筑工业出版社,2005.

[21] 惠劼. 全国注册城市规划师执业资格考试辅导教材之城市规划原理 [M]. 北京:中国
建筑工业出版社,2006.

[22] 上海市城市规划管理局. 上海城市规划管理实践——科学发展观统领下的城市规划

管理实践 [M]. 北京：中国建筑工业出版社，2007.

[23] 北京城市规划设计研究院. 世界大城市交通研究 [M]. 北京：北京科学技术出版社，1990.

[24] 杭州市规划局，杭州市城市规划编制中心. 迈向钱塘江时代 [M]. 上海：同济大学出版社，2002.

中文期刊

[1] 城市规划.

[2] 城市规划汇刊.

[3] 国外城市规划.

[4] 规划师.

[5] 上海城市规划.

[6] 城市问题.

研究生论文

[1] 黄健中. 我国大城市用地发展与客运交通模式研究 [D]. 上海：同济大学，2005.

[2] 边远卫. 中国大城市空间发展与轨道交通互动关系研究 [D]. 上海：同济大学，2005.

[3] 毛海鸠. 中国城市居民出行特征研究 [D]. 北京：北京工业大学，2005.

[4] 马强. 走向"精明增长"：从小汽车城市到公共交通城市——国外城市空间增长观念的转变及对我国城市规划与发展的启示 [D]. 上海：同济大学，2004.

[5] 肖达. 中国城市居住模式的发展——社会发展视角的一种解读 [D]. 上海：同济大学，2004.

[6] 陈有川. 我国特大城市的发展动力与空间结构关联研究 [D]. 上海：同济大学，2005.

[7] 罗震东. 中国都市区发展：从分权化到多中心治理 [D]. 上海：同济大学，2006.

[8] 张捷. 理想城市的理性之路 [D]. 上海：同济大学，2005.

[9] 栾峰. 改革开放以来快速城市空间演变的成因机制研究——深圳与厦门案例研究 [D]. 上海：同济大学，2004.

[10] 钟宝华. 轨道交通对周边房地产价格影响的研究 [D]. 上海：同济大学，2007.

[11] 魏晓云. 郊区居民日常生活出行行为特征的分析——以上海嘉定区为例 [D]. 上海：同济大学，2006.

[12] 路建普. 1980 年代以来上海市人口分布变化研究 [D]. 上海：同济大学，2003.

[13] 黄思杰. 交通与居住空间分布关系的模拟研究 [D]. 上海：同济大学，2006.

[14] 赵渺希. 上海市中心城区外来人口社会空间分布特征分析 [D]. 上海：同济大学，2005.

[15] 姚凯. 上海市中心城区社会空间结构及其演化的研究 [D]. 上海：同济大学，2004.

科研课题

[1] 同济大学交通运输工程学院. 小陆家嘴地区道路交通系统规划研究 [R]. 浦东新区建设与交通委员会，2007.

[2] 杭州市城市规划设计研究院. 杭州市钱江新城核心区块控制性详细规划深化方案 [R]. 2005.

[3] 潘海啸，等. 中国低碳生态城市发展战略——可持续城市的规划策略研究 [R]. 2008.

[4] 中国城市规划设计研究院上海分院. 株洲市旧城更新概念方案研究 [R]. 2007.

[5] 上海市城市规划管理局. 上海市第三次综合交通调查总报告 [R]. 2005.

[6] 上海市人民政府. 上海城市总体规划（1999-2020）[R]. 1999.

[7] 上海市城市规划管理局. 上海市城市近期建设规划（2006-2010）[R]. 2006.

后 记

1996～2009年，我在同济校园里相继完成了本科、硕士和博士学习。当初能够选择在同济城市规划系读书，离不开广州市建委邓汉英主任、广州市政管理局黄友茂先生的指引和多年来持续的关心指导。

本文选题和写作是在博士生导师潘海啸教授的指导下完成的。在潘教授的指导下，我参与和负责了杭州CBD、上海世博会、韶关等课题研究，这些课题实践构成了本文的知识积累和基本观点。适逢潘老师与法国动态基金会之间良好的合作关系，我得以参与和组织广州、北京等系列的展览、学术活动和中外院校联合设计，并在2006年获得机会到巴黎一周参观学习、开拓视野，还与伯克利大学合作调研。特别感谢潘老师在学习期间和论文写作中给予的关心与指导，论文从开题到资料准备、调研和写作，潘老师给了我很多的支持和启发，好多次都是在出国期间连夜给我看论文，提出很多很好的改进意见。

感谢南京大学崔功豪教授、复旦大学王桂新教授、同济大学朱锡金教授、沈清基教授、中国城市规划设计研究院郑德高教授等对论文认真评阅并提出中肯意见，对论文的进一步研究提出了很好的深化意见，这些都将作为未来的研究重点。

本论文研究来源于我所参与的课题项目，感谢相关课题项目的参与人员。美国加州大学伯克利分校教授Robert Cervero和博士生Jennie D、国家统计局上海调查总队潘国林先生参加了上海近郊区居民出行调查；杭州市城市规划设计研究院龚正明院长、王峰、同济大学张涵双老师、张琦、秦科、钟宝华等参与了杭州钱江新城CBD交通研究；中规院上海分院蔡震总工、马小晶、刘中原等参与了株洲旧城更新项目。上海市城市规划管理局王世营博士、陆家嘴管委会黄丽彬提供了很多相关资料，秦科、曾令榜等对调查数据整理提供了帮助。

感谢硕士导师朱锡金教授多年来的关心指导，感谢李锡然教授、陈运维教授、赵民教授、张尚武教授、王雅娟副教授、刘冰副教授、钮心毅等老师在读书期间的指导，感谢王新哲、姚凯、王世营、黄怡、戴颂华、翁奕城、肖达等师兄师姐的关心支持，感谢韦亚平、张磊、李雄、钱欣、卢源、姚胜永、赵守谅等学友对论文提出的宝贵意见，感谢林章豪、郭大津、林钟城、姚旭生等师友的鼓励和指导。最后，感谢这些年来一直关心支持我的家人和亲友，特别是一直陪伴我、鼓励我的妻子曲春燕。

2011年8月15日于上海